Vente du 15 au 19 Juin 1909

(SALLES SILVESTRE)

Commissaire-Priseur : Me André Desvouges

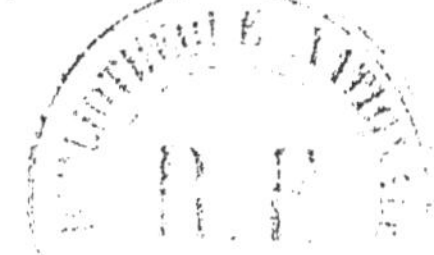

CATALOGUE

DE LA

BIBLIOTHÈQUE

DE FEU

M. LE PASTEUR CH.-L. FROSSARD

THÉOLOGIENS ET ÉCRIVAINS PROTESTANTS
AQUARELLES, DESSINS ET ESTAMPES
SCIENCES DIVERSES. — BELLES-LETTRES. — HISTOIRE
DOCUMENTS MANUSCRITS ET AUTOGRAPHES

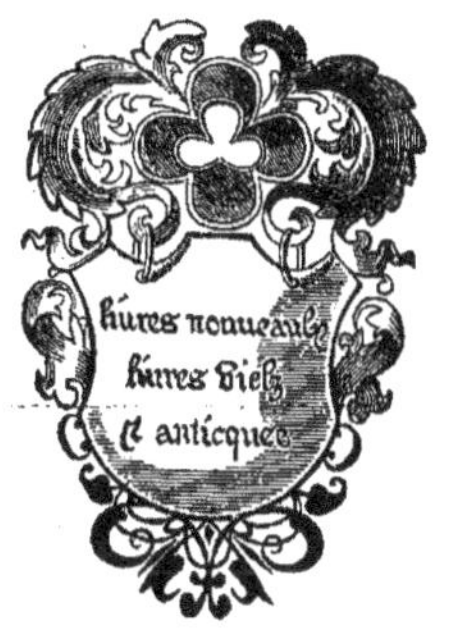

PARIS
ÉM. PAUL ET FILS ET GUILLEMIN
Libraires de la Bibliothèque Nationale
28, RUE DES BONS-ENFANTS, 28.

1909

Tours, imp. Tourangelle, 20-22 rue de la Préfecture.

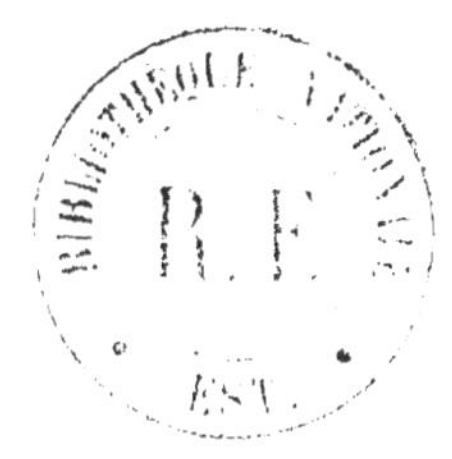

CATALOGUE

DE LA

BIBLIOTHÈQUE

DE FEU

M. LE PASTEUR CH.-L. FROSSARD

LA VENTE AURA LIEU

Du Mardi 15 au Samedi 19 Juin 1909

à huit heures précises du soir

Dans les Salles de Ventes aux Enchères

DE LA LIBRAIRIE ÉM. PAUL ET FILS ET GUILLEMIN

28, rue des Bons-Enfants, 28 (Anciennes Maisons Silvestre et Labitte)

SALLE N° 1

Par le ministère de Me **ANDRÉ DESVOUGES**, Commissaire-Priseur

26, RUE DE LA GRANGE-BATELIÈRE, 26

Assisté de **MM. ÉM. PAUL & FILS & GUILLEMIN, Libraires-Experts**

28, RUE DES BONS-ENFANTS, 28

ORDRE DES VACATIONS

			Numéros
Première Vacation. —	*Mardi*	*15 Juin 1909*..........	1 à 160
Deuxième Vacation. —	*Mercredi*	*16* — —	161 à 321
Troisième Vacation. —	*Jeudi*	*17* — —	322 à 480
Quatrième Vacation. —	*Vendredi*	*18* — —	481 à 641
Cinquième Vacation. —	*Samedi*	*19* — —	642 à 801

CONDITIONS DE LA VENTE

La vente se fait expressément au comptant.

Les adjudicataires paieront 10 pour cent en sus des enchères.

Il y aura exposition chaque jour de vente, de 2 à 4 heures, des livres qui seront vendus le soir.

Les Experts se réservent la faculté de vendre séparément les articles réunis sous un seul numéro.

Les livres devront être collationnés dans les vingt-quatre heures de l'adjudication. Passé ce délai, ils ne seront repris pour aucune cause.

Les Libraires chargés de la vente rempliront, aux conditions d'usage, les commissions des personnes qui ne pourraient y assister.

CATALOGUE

DE LA

BIBLIOTHÈQUE

DE FEU

M. LE PASTEUR CH.-L. FROSSARD

THÉOLOGIENS ET ÉCRIVAINS PROTESTANTS
AQUARELLES, DESSINS ET ESTAMPES
SCIENCES DIVERSES. — BELLES-LETTRES. — HISTOIRE
DOCUMENTS MANUSCRITS ET AUTOGRAPHES

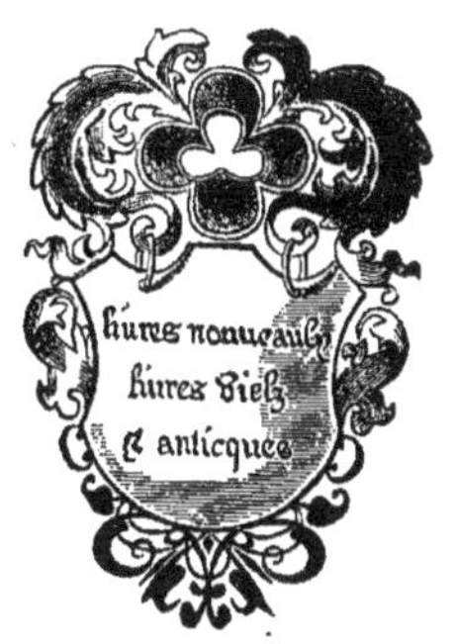

PARIS
ÉM. PAUL ET FILS ET GUILLEMIN
Libraires de la Bibliothèque Nationale
28, RUE DES BONS-ENFANTS, 28.

—

1909

CATALOGUE

DE LA

BIBLIOTHÈQUE

DE FEU

M. LE PASTEUR CH.-L. FROSSARD

THEOLOGIE

I. ÉCRITURE SAINTE

1. *Bibles entières*

1. BIBLIA SACRA, hebraice, chaldaice, græce et latine. Philippe II. Reg. cathol. pietate et studio ad sacrosanctæ ecclesiæ usum (cura et studio Benedicti Ariæ Montani). *Antverpiæ, Christoph. Plantinus*, 1569-1572, 8 vol. in-fol. à 2 col. front. et pl. gr. dont 1 vol. en v. brun ant. et 7 en v. f. moderne, fil. à froid, tr. r.

Cette édition de la Bible polyglotte, publiée sous les auspices de Philippe II et de son chapelain, Arias Montanus, est fort belle et plus complète que la *Polyglotte* de Ximenès de 1514.

Ex-dono manuscrit du Duc PHILIPPE D'ARENBERG; un f. remonté; légère piqûre à une trentaine de ff.

2. Biblia sacra polyglotta, textus archetypos, versionesque præcipuas ab ecclesia antiquitus receptas, necnon versiones recentiores anglicanam, germanicam, italicam, gallicam, et hispanicam complectentia. Accedunt prologomena in textum archetyporum, versionumque antiquarum crisin literalem, auctore Samuele Lee... *Londini, sumptibus Samuelis Bagster*. 1831, 2 parties en 1 vol. fort vol. in-fol. mar. bleu foncé, dos orné, fil. dent. riches comp. et milieu doré, dent. int. tr. dor. (*Rel. de l'époque*.)

Très bel exemplaire de ce chef-d'œuvre de typographie.

3. (Biblia hebraica. *Parisiis, ex officina Rob. Stephani*, 1544-

1546), 12 parties en 4 vol. in-16, mar. r. dos orné, fil. et comp. à la Du Seuil, tr. dor. (*Rel. anc.*)

Tomes II et IV à VI.

4. (Biblia hebraica). *Parisiis, ex officina Rob. Stéphani*, 1544-1546, 4 parties en 1 vol, in-16, vélin à recouvrements, dos orné, fil. angles et milieu doré, tr. dor. (*Rel. anc.*)

Prophetia Isaiæ. — Prophetia Jeremiæ. — Prophetia Ezechielis. — Ezechielis. — Duodecim Prophetæ.
Reliure de l'époque bien conservée, dont les plats sont ornés d'arabesques aux angles et d'un joli milieu à fers azurés.

5. Bibles et Psautiers en hébreu. — Réunion de 13 vol. in-16, in-12 et in-8, reliés.

Editions de : *Venise ex officina Justinianea*, 1551. — *Paris, Charles Estienne*, 1556. — *Leyde, ex officina Joannis Maire*, 1650. — *Londres, Macintosh*, 1821. — *Bâle, Haas*, 1824. — *Bâle, Haas*, 1827. — *Leipsig, Tauchnitz*, 1834 (2 exemplaires). — *Londres, Duncan*, 1834. — Etc.

6. Biblia cum concordantiis veteris || et novi testamenti et sacrorum canonum : nec non et || additionib' in marginibus varietatis diver|| sorũ textuum : ac etiam canonibus an || tiquis quattuor evangeliorum || insertis summa cum di || ligentia revisa corre || cta ꝛ emẽdata. || (A la fin :) *Biblia cum concordantijs veteris ꝛ novi testamenti .. per venerabilem patrem : fratem Albertum Castellanũ venetum... revisa correcta et emendata... ac per M. Jacobum Sacon Lugd' impressa. Expẽsis notabilis viri dñi Anthonjj Koberger de Nuremburgis feliciter explicit Anno domini M. D. xij. j. calendas Augusti* (1512), in-fol. à 2 col. car. goth. r. et noirs, nombr. fig. sur bois et lettres ornées, demi-rel. mar. brun avec coins, tr. peigne.

Belle et rare édition ornée de jolies figures sur bois.
Le titre et remonté ; la grande marque de l'imprimeur qui devrait terminer le volume a été découpée et remontée pour servir de frontispice.

7. Sacra Biblia ad LXX interpretum fidem diligentissime tralata. *Basilæ, per Andream Cratandrum*, 1526, pet. in-4 à 2 col. figure sur bois, et lettres ornées, mar. r. dos orné, fil. tr. dor. (*Rel. anc.*)

Traduction fort recherchée, donnée par Erasme.
Très petit raccommodage au titre.

8. Biblia sacra ad optima quæque veteris, ut vocant, tralationis exemplaria summa diligentia pariq ; fide castigata. His adjecimus hebraïcorum, chaldæorum, græcorumq̃ ; nominum interpretationem, cum indicibus copiasissimis. *Lugduni, apud Joan. Tornæsium*, 1556, in-fol. nombr. fig. gr. sur bois et lettres ornées, v. ant. marb. dos orné, fil. tr. dor.

Edition rare, très bien imprimée et très recherchée. Elle est ornée de jolies figures sur bois attribuées à Bernard Salomon, dit le *Petit Bernard.* Exemplaire réglé.

9. Bibles et Nouveaux Testaments en latin, en éditions du XVI siècle. — Réunion de 10 vol. in-12, in-8 et in-fol. fig. reliés.

Editions de *Paris, Simon de Colines,* 1529. — *Bâle, Oporinus,* 1553. — *Bâle, Oporinus,* 1554. — *S. l., Henri Estienne,* 1561. — *Anvers, Christophe Plantin,* 1582. — *Bâle,* 1591. — *Hanau, André Wechel,* 1596. — *Hambourg,* 1719.
Reliures de quelques volumes un peu fatiguées ; mouillures.

10. (Le Premier volume de la Bible historiée, translatée de latin en françois de Pierre Comestor, ou le Mangeur, par Guyart des Moulins, et revue par Jean de Rely.) (A la fin du 2e volume :)... *a esté imprimée ceste bible en francois hystoriee pour Barthelemy Vérard, marchant libraire demourant à Paris devant la rue neufve nostre dame, a lenseigne sainct iehan levangeliste, Ou au palais... s. d* (*vers* 1514), gr. in-fol. goth. à 2 col. de CCLVI ff. de texte et 8 ff. non ch. pour la table, nombr. fig. gr. sur bois, demi-rel. bas. ant, marb.

Edition, fort rare, de cette Bible commentée, recherchée pour les jolies figures sur bois dont elle est ornée.
Exemplaire incomplet du titre, des deux premiers ff. du texte et des ff. xxi et cclvj. — Fort raccommodage et déchirure au f. cclv.

11. La Bible || qui est toute la Saincte escripture. || En laquelle sont contenus le Vieil Testament || ꝛ le Nouveau translatez || en francoys, || Le Vieil de Lebrieu : || ꝛ le Nouveau || du grec. || ℂ Aussi deux amples tables lune pour linterpretation || des propres noms : lautre en forme Dindice || pour trouver plusieurs sentences || et matieres. || Dieu en Tout. || (A la fin :) ℂ *Imprime par Pierre de Wingle, dict Pirot Picard, Bourgeois* || *de Neufchastel. Mil. ccccccxxxv.* (1535) || in-fol. goth. à 2 col. v. brun ant. fil. à froid, angles dorés et milieu à fers azurés, fermoirs n cuivre. (*Rel. de l'époque.*)

Première Bible française qu'aient publiée les protestants. Elle est aujourd'hui très rare et très recherchée. La traduction est celle de Jacques Le Fèvre d'Etaples, revue par P. Robert Olivétan et J. Calvin. — 8 ff. prél. non ch., 186, 66, 60 et 105 ff. ch. ; 1 f. non ch.
Exemplaire incomplet des deuxième et septième ff. prél. et du dernier f. — Tache à l'angle supérieur des premiers ff. ; déchirure enlevant une partie du texte du f. 105, dernier de la table.

12. La Bible qui est toute la Saincte Escriture, ascavoir le Vieil et Nouveau Testament : de nouveau reveue, avec argumēs sur chacū livre, nouvelles annotatiōs en marge, fort utiles par lesquelles on peut sans grād labeur, obtenir la vraye intelligēce du sēs de l'Escriture, avec un recueil de grāde doctrine... *S. l. par Nicolas Barbier et Thomas Courteau* 1559, 3 parties en 1 vol. in-8 à 2 col. fig. sur bois et carte et musique notée, v. f.

ant. dos orné, riches comp. tr. dor. et ciselée. (*Rel. du XVIe siècle.*)

On a ajouté : Pseaumes de David, traduits en rime françoise par Cl. Marot et Théodore de Besze avec la forme des prières ecclésiastiques et le catéchisme, c'est-à-dire le formulaire d'instruire les enfans en la chrestienté.

Curieuse reliure de l'époque (restaurée), ornée de riches compartiments d'entrelacs et de fers azurés ; milieu de maroquin brun moderne sur le premier plat.

13. La Bible qui est toute la saincte Escriture, contenant le Vieil et Nouveau Testament : ou, la vieille et nouvelle alliance. Quant est du Nouveau Testament, il a esté reveu et corrigé sur le grec, par l'avis des Ministres de Genève. Il y a aussi argumens sur chacun livre, annotations sur toute la Bible, figures et cartes, tant chorographiques qu'autres. *A Genève, par François Perrin*, 1563, 3 parties en 1 vol. in-fol. réglé, fig. et cartes gr. sur bois, ais de bois recouverts de v. f. moderne, dos orné, fil. et milieu à froid, fermoirs en cuivre.

14. La Bible qui est toute la Saincte Escriture : contenant le Vieil et le Nouveau Testament. *A Genève, de l'Imprimerie de Zacharie Durant*, 1566, in-8, fig. sur bois sur le titre, et musique notée, mar. r. jans. dent. int. tr. dor. et ciselée.

Version protestante. — On a relié en tête le *Calendrier historial*, 1569, orné de 12 vignettes gravées sur bois et à la fin du volume la *Confession de foy*, le *Catéchisme* et les *Psaumes*, mis en rime françoise par Clément Marot et Théodore de Bèze.

Le titre du *Calendrier* est remmargé extérieurement.

15. La Bible qui est toute la Saincte Escriture : contenant le Vieil et le Nouveau Testament, Autrement la vieille et nouvelle Alliance. Avec argumens sur chacun livre, figures cartes tant chorographiques qu'autres. *S. l.* (*Genève*), *de l'Imprimerie de François Estienne*, 1567, 4 tomes en 1 vol. in-8 à 2 col. fig, et cartes sur bois, mar. noir, dos orné, encadrement à la De Tournes sur les plats, tr. dor. et ciselée.

Jolie édition de cette version protestante imprimée en très petits caractères et ornée de figures sur bois finement gravées. Brunet (I, col. 891) en donne une fausse collation. La deuxième partie : *Livres apocryphes*, se compose de 90 ff. et non pp. comme il l'indique et le *Nouveau Testament* n'a que 122 ff. dont le titre, au lieu de 1 titre et 162 ff. Ils sont suivis de 12 ff. d'Index, dont le dernier blanc. Enfin les Psaumes et les Prières occupent 82 ff.

Bel exemplaire réglé, bien complet, avec le *Calendrier historial* comprenant 8 ff. ornés de 12 vignettes gravées sur bois relié en tête du volume — L'ancienne tranche dorée et ciselée du XVIe siècle a été conservée.

16. La Bible qui est toute la Saincte Escriture : contenant le Vieil et le Nouveau Testament. Autrement, la Vieille et la Nouvelle Alliance. Avec argumens sur chacun livre, figures,

cartes tant chorographiques qu'autres. *S. l. pour Jean Moysset*, 1570, 3 parties en 1 vol. in-8 à 2 col. cartes et fig. sur bois et musique notée, ais de bois couverts de peau de truie estampée, ornements et fermoirs en cuivre. (*Rel. du XVI*e *siècle.*)

Version protestante — On a relié en tête du volume : *Calendrier historial... S. l.*, 1569, 8 ff. non ch. avec 12 vign. gr. sur bois, et à la fin : *Les Pseaumes mis en rime françoise, par Clément Marot et Théodore de Bèze*, avec la forme des prières ecclésiastiques, la manière d'administrer les sacremens et célébrer le mariage et la visitation des malades.

Exemplaire réglé, dans sa première reliure, avec coins, clous et fermoirs en cuivre. — Petite déchirure à un f.

17. La Bible, qui est toute la Saincte Escriture du Vieil et du Nouveau Testament : autrement l'Ancienne et la Nouvelle Alliance. Le tout reveu et conféré sur les textes hébrieux et grecs par les Pasteurs et Professeurs de l'Eglise de Genève. *A Genève*, 1588, 3 parties en 1 vol. in-8 à 2 col. mar. fauve, dos orné, riches comp. de feuillage, tr. dor. et ciselée. (*Rel. du XVI*e *siècle.*)

Version protestante. — On a ajouté : Les CL. Pseaumes de David mis en rime françoise, par Clément Marot et Théodore de Bèze, avec la forme des prières ecclésiastiques, et la manière d'administrer les sacremens, et célébrer le mariage. *A Genève, par Jérémie des Planches*, 1587, musique notée.

Curieuse reliure du XVIe siècle dont le dos et les plats sont recouverts de branches de feuillage, rinceaux et fleurettes dorés à petits fers. Compartiment en creux au centre des plats avec fond de maroquin rouge. — Quelques restaurations

18. La Bible qui est toute la Saincte Escriture du Vieil et Nouveau Testament, autrement l'Ancienne et la Nouvelle Alliance. Le tout reveu et conféré sur les textes hébrieux et grecs par les Pasteurs et Docteurs de l'Eglise de Genève, avec un nouvel indice par lieux communs. Item les Pseaumes et Cantiques avec les prières ecclésiastiques. *A La Rochelle, de l'Imprimerie de H. Haultin, par Corneille Hertman*, 1616, 4 parties en 1 vol. in-8 à 2 col. titres dans des encadrements, vignettes gr. sur bois, musique notée, v. noir moderne, dos orné, fil. angles fleurdelisés et milieu doré, tr. verte.

Edition très recherchée de cette version protestante, fort bien imprimée en très petits caractères. Elle est suivie des *Pseaumes de David mis en rime françoise par Clément Marot et Théodore de Bèze*, avec la musique notée, de la *Forme des prières ecclésiastiques*, de la *Confession de foy* faite au Synode tenu à la Rochelle en 1571, etc.

Bel exemplaire.

19. La Bible qui est toute la Sainte Escriture du Vieil et Nouveau Testament, autrement l'ancienne et la nouvelle Alliance. Le tout reveu et conféré sur les textes hébreux et grecs par les pasteurs et professeurs de l'Eglise de Genève. Avec les indices des éditions précédentes, et un nouveau par lieux communs.

A Saumur, par Thomas Portau, 1619, 3 parties en 1 vol. in-fol. titre-front. gr. musique notée, v. f. moderne, fil.

Edition très rare.

On a ajouté à la fin du volume : les *Pseaumes de David, mis en rime françoise par Clément Marot et Théodore de Bèze*, la *Forme des prières ecclésiastiques*, le *Catéchisme* et la *Confession de foy*.

Le titre est coupé au cadre et remonté ; raccommodages en marge de plusieurs ff. ; mouillure ; cassure à un f. des *Pseaumes*.

20. La Bible, qui est toute la Saincte Escriture du Vieil et Nouveau Testament. Autrement l'Ancienne et la Nouvelle Alliance. Le tout reveu et conféré sur les textes hébrieux et grecs. *A Sedan, par Jean Jannon*, 1633, 2 parties en 1 vol. in-12. v. f. moderne dos orné, fil. dent. int. tr. dor.

Jolie et rare édition, suivie des *Pseaumes de David*, de la *Forme des prières ecclésiastiques*, du *Catéchisme* et de la *Confession de foy*.

Exemplaire réglé.

21. La Bible qui est toute la sainte Ecriture du Vieil et Nouveau Testament, autrement l'ancienne et la nouvelle alliance... *A Sedan, chez Jean Jannon*, 1633, in-12 réglé, mar. r. dos orné, fil. et comp. à la Du Seuil, angles et milieu dor. tr. dor. (*Rel. anc.*)

Version protestante, donnée par Corneille Bertram.

Le titre manque et est remplacé par un titre manuscrit.

22. La Bible, qui est toute la Saincte Escriture du Vieil et Nouveau Testament. Le tout reveu et conféré sur les textes hébrieux et grecs par les Pasteurs et Docteurs de l'Eglise de Genève. Avec un nouvel indice par lieux communs. Item les Pseaumes et Cantiques avec les prières ecclesiast. *A Amsterdam, chez Henri Laurents*, 1635, 4 parties en 1 vol. in-8 à 2 col., titre-front. gr. et musique notée, v. f. ant. dos orné, riches comp. à petits fers, tr. dor.

Riche reliure de l'époque, malheureusement très défraîchie, dont le dos et les plats sont couverts de riches compartiments, éventails, rosaces, rinceaux, etc., à petits fers ou au pointillé.

23. La Sainte Bible, qui contient le Vieux et le Nouveau Testament, Edition nouvelle, faite sur la version de Genève, reveuë et corrigée ; enrichie... de plusieurs cartes curieuses et de tables fort amples... Le tout disposé en cet ordre, par les soins de Samuel des Marets... et de Henry des Marets son fils... *Amsterdam, chez Louys et Daniel Elzevier*, 1669, 4 parties en 2 vol. gr. in-fol. front. et 4 cartes gr. et pliées, v. ant. granit, dos orné, fil.

Edition exécutée avec un grand luxe typographique et qui passe à bon droit pour un des plus beaux monuments de la typographie elzevirienne (*Willems*, n° 1402.)

Exemplaire aux armes et au chiffre de BARILLON. — Reliure légèrement restaurée.

24. Bibles et Nouveaux Testaments en français en éditions des XVIe et XVIIe siècles. — Réunion de 12 vol. in-12, in-8 et in-4, reliés.

Editions de *Lyon, Godefroy et Marcellin Béringer,* 1545. — *S. l.* 1553. — *Lyon, Sébastien Honoré,* 1558. — *Lyon, Thomas Courteau,* 1562. — *Genève, Eustache Vignon,* 1592. — *S. l.* 1595. — *La Rochelle, Everard,* 1611. — *Genève, Berjon,* 1645. —. *Charenton, Cellier,* 1669. — *Charenton, Lucas,* 1678, — *Nyort, Bureau,* 1678.

25. La Bible, traduction nouvelle, avec l'hébreu en regard... avec des notes philologiques, géographiques et littéraires, et les principales variantes de la version des Septante et du texte samaritain... par S. Cahen. *Paris, Barrois,* 1831-1839, 18 vol. in-8, demi-rel. v. bleu, dos orné.

Excellente traduction, très recherchée.

26. La Sainte Bible. Ancien (et Nouveau) Testament. Nouvelle version du texte hébreu. *Lausanne, Bridel,* 1861-1872, 5 vol. in-8, demi-rel. mar. brun, tête dor. ébarbé.

27. La Sainte Bible. Ancien Testament. Traduction nouvelle d'après le texte hébreu par Louis Segond. *Genève et Paris,* 1874, 2 vol. in-8, demi-rel. mar. brun. tête dor. ébarbé.

28. La Bible. Traduction nouvelle avec introductions et commentaires, par Edouard Reuss, professeur à l'Université de Strasbourg. *Paris, Sandoz et Fischbacher,* 1876-1879, 11 vol. in-8, demi-rel. chag. grenat.

Le *Nouveau Testament* est incomplet de la 2e partie : *Histoire apostolique. Actes des apôtres* et du tome I des *Epitres Pauliniennes,* 3e partie.

29. La Biblia que es, los sacros libros del Vieio y Nuevo Testamento. Trasladada en Español. *S. l. En la libreria de Daniel y David Aubrij y de Clement Schleich,* M.DC.XXII. (A la fin :) *Anno M.D.LXIX en Septiembre* (1622), 3 parties en 1 vol. in-4, fig. sur bois, ais de bois, couverts de v. brun ant. estampé, fermoir (*Rel. de l'époque*).

Bible peu commune, connue sous la dénomination de *Bible de l'Ours.* Elle a été traduite par Casiodoro de Reina et imprimée à Bâle par ordre du Sénat de cette ville. Cette édition ne diffère de celle de 1569 que par le changement du fleuron du titre qui représente *Pégase* au lieu de *l'Ours.*
Les feuillets de gardes et quelques marges sont couverts de notes manuscrites de l'époque. — Reliure estampée du commencement du XVIIe siècle. Un des fermoirs manque.

30. Bibles, Nouveaux Testaments et Evangiles en diverses langues : Basque, breton, danois, espagnol, gaëlique, hongrois, portugais, russe, turc, etc. — Réunion de 37 opuscules cart. et 13 vol. in-12 et in-8, reliés.

2. *Livres séparés de l'Ancien Testament. — Editions diverses des Psaumes*

31. Nicolas de Lyra : Postillæ super 14 Prophetas. — Postilla super Epistolas Pauli apostoli. — Ens. 2 forts vol. pet. in-fol.

à 2 col. ais de bois recouverts de vélin, avec clous de cuivre. (*Reliure enchaînée.*)

Manuscrits de la fin du XIVe siècle, avec initiales rubriquées.

Curieux et rare spécimen de « reliure enchaînée » ; au second plat de chaque volume est en effet rivée une forte chaîne de 20 centimètres de long terminée par un anneau.

Un ou plusieurs ff. semblent manquer à la fin des volumes.

32. Les Livres de Job et de Salomon, les Proverbes, l'Ecclésiaste et le Cantique des Cantiques, traduits fidèlement d'hébreu en françois, avec une préface sur chaque livre, et des observations sur quelques lieux des plus difficiles, par Philippe Codurc... *A Paris, chez Charles Savreux*, 1603, in-8 réglé, mar. r. dos orné, fil et comp. à la Du Seuil, tr. dor. (*Rel. anc.*)

Mouillure.

33. Les || Livres de || Salomon. || Les Proverbes, || l'Ecclesiaste, || le Cantique des Cantiques. || Fidellement traduicts de || latin en francoys. || *A Lyon*, || *chés Estienne Dolet*, || 1542, || in-16, de 143 pp. marque de l'imprimeur sur le titre et au verso du dernier f. vélin moderne à recouvrements. (*Pierson.*)

Petit livre de la plus grande rareté qui a échappé aux laborieuses recherches de M. Copley Christie, qui n'en fait pas mention dans sa bibliographie des éditions d'Etienne Dolet.

Titre doublé ; tache au verso du dernier feuillet.

34. Liber Ruth, F. Francisci Feu-Ardentii, ordinis Minorum, Parisiensis theologi, commentariis explicatus : quibus ea copiosè traduntur, quæ ad historiam, fideique Christianæ, ac morum rationem pertinent. Cum triplici et copioso indice... *Parisiis, apud Sebastianum Nivellium*, 1582, in-8, vélin à recouvr.

Ouvrage recherché et peu commun comme tous ceux écrits par ce fougueux cordelier.

35 Vestitus sacerdotum Hebræorum, sive commentarius amplissimus in Exhodi cap. XXVIII, ac XXIX. et Levit. cap. XVI. aliaque loca S. Scripturæ quamplurima. Auctore Johanne Braunio,Palatino. *Amstelodami, veneunt apud Janssonio-Wæsbergios, Danielem Elzevirium, viduam J. à Someren et Henr et Theod. Boom*, 1680, 2 vol. in-4, front. 5 pl. et fig. finement gr. par B. Stoopendaal, v. ant. granit, dos orné.

Edition originale.

36. Psalterium (en hébreu). *Parisiis, ex officina Roberti Stephani, typographi Regii*, 1540, in-4. parchemin.

Belle édition.

Exemplaire interfolié de papier blanc.

37. Postilla venerabilis fratris Nicolai d' Li || ra super psalterium incipit feliciter. || (A la fin :) *Explicit postilla fratris Nicholai de lira sup || librum psalmorum.* || *S. l. n. d.* (*XVe siècle*), in-fol. goth. à 2 col. non ch. vélin.

Cette édition de ces Commentaires se compose de 118 ff. non ch. à 2 col. de 59 lignes, signés *aa-ll* par 10 et *mm* par 8 ff.

38. Quincuplex Psalterium gallicum, rhomanum, hebraicum, vetus conciliatum. Preponũtur quæ subter adijciuntur (*sic*). (A la fin :) ¶ *Absolutum fuit hoc Quincuplicis Psalterii opus in cœnobio sancti Germani prope muros Parisienses : anno... 1508. Et in clarissimo Parisiorum Gymnasio ex calcotypa Henrici Stephani officina e regione scholarũ decretorum ad secondam et castigatiorem emissionem susceptum anno..*, 1513... in-fol. de 12 ff. prél, non ch. et 294 ff. ch. titre dans un encadrement gr. sur bois, vélin, déboité.

Belle édition, imprimée en caractères rouges et noirs, et plus complète que celle de 1509. Elle a été donnée par Jacques Lefèvre d'Etaples et dédiée au cardinal Briçonnet.

Timbre de bibliothèque et léger raccommodage au titre ; petites piqûres de vers aux premiers ff.

39. M. Antonii Flaminii in librum Psalmorum brevis explanatio ad Alexandrum Farnesium, cardinalem amplissimum (A la fin :) *Venetiis, apud Aldi filios M.D.XLV* (1545), pet. in-8, car. ital. ancre aldine sur le titre et au verso du dernier f. cart. perc. noire.

40. Liber Psalmorum Davidis. Annotationes in eosdē ex hebræorum commentariis. *Lutetiæ, ex officina Rob. Stephani*, 1546, 2 parties en 1 vol. in-8, v. ant. rac. dos orné.

Edition recherchée, avec les notes de François Vatable. Elle renferme l'ancienne version de la Vulgate placée en regard de la nouvelle traduction de Léon Juda, faite plus littéralement sur l'hébreu. — Les *Cantica* qui terminent le volume forment une partie distincte de 24 ff. qui manque très souvent.

Exemplaire réglé, portant sur le titre la SIGNATURE AUTOGRAPHE de BENOIT BALARAND, pasteur à Saussignac, 1586, à Eymet (Périgord), en 1593, puis à Castres.

41. Psalmorum Davidis paraphrasis pœtica. Auctore Georgio Buchanano, Scoto... Ejusdem Buchanani Tragœdia quæ inscribitur Jephthes. Omnia multo quam antehac emendatiora. *Lutetiæ, ex officina Roberti Stephani*, 1580, in-16, vélin, comp. à fers azurés sur le dos et les plats.

Exemplaire réglé. — Mouillure.

42. Les Pseaumes mis en rime françoise par Clément Marot et Théodore de Bèze, avec breves oraisons en la fin de chacun pseaume. *A Sainct Lo, par Robert Crosnier et Pierre Quesnot*,

pour Antoine Vincent, 1562, in-12 réglé, vign. sur le titre et musique notée, v. ant. granit.

On a ajouté la *Forme des Prières ecclésiastiques*, avec la manière d'administrer les sacremens et célébrer le mariage et la visitation des malades et le catéchisme, c'est-à-dire le formulaire d'instruire les enfans en la Chrestienté.

Edition fort rare, dont M. Douen, dans son savant ouvrage sur *Clément Marot et le Psautier huguenot*, ne cite que le présent exemplaire.

Très rogné ; il doit manquer un ou deux ff. à la fin du catéchisme.

43. LES PSEAUMES MIS EN RYME françoise, par Cl. Marot, et Théodore de Bèze. *A Lyon, par Jan de Tournes, pour Antoine Vincent*, 1563, in-4, titre dans un bel encadrement gr. sur bois, musique notée et lettres ornées, mar. brun, dos orné, fil. et encadrement de comp. à froid, dent. int. tr. dor. (*R. Petit.*)

Bel exemplaire de cette très rare édition.

On a ajouté : la Forme des Prières ecclésiastiques, avec la manière d'administrer les sacremens, et célébrer le mariage et la visitation des malades. — Confession de foy, faicte d'un commun accord par les Eglises, qui sont dispersées en France, et s'abstiennent des idolatries papales, avec une préface contenant response, et défense contre les calomnies dont on les charge.

44. Les Pseaumes, mis en rime françoise par Clément Marot et Théodore de Bèze. *A Lyon, par Symphorien Barbier, pour Antoine Vincent*, 1564, in-16, musique notée, mar. r. jans. dent. int.

On a ajouté : *La Forme des Prières ecclésiastiques*, avec la manière d'administrer les sacremens et célébrer le mariage et la visitation des malades. Les trois derniers ff. sont remontés.

45. Les Pseaumes, mis en rime françoise, par Clément Marot et Théodore de Besze. *S. l. (Lyon), par Jean-Baptiste Pinereul, pour Antoine Vincent*, 1568, in-16, musique notée, mar. brun, fil. à froid.

On a ajouté : *La Forme des Prières ecclésiastiques*, avec la manière d'administrer les sacremens, et célébrer le mariage et la visitation des malades.

46. Les Pseaumes de David, mis en rime françoise par Cl. Marot et Theod. de Beze. Avec la prose en marge, et oraisons à la fin de chascun Pseaume. *S. l. par Jacob Stœr*, 1595, in-12, titre dans un encadrement gr. sur bois et musique notée, v. f. moderne, dos orné, fil. dent. int.

Edition très rare.

47. Les Pseaumes de David, mis en rime françoise par Clément Marot et Théodore de Bèze. *A Leyden, chez Lowis Elsevier*, 1606, très pet. in-8, titre encadré avec fig. et musique notée, mar. r. dos et plats couverts de riches comp. à petits fers et au pointillé. tr. dor. (*Rel. anc.*)

Edition en caractères romains très rare, précédée du *Calendrier* pour les années 1605 à 1611, d'une *Epitre de Théodore de Bèse* et de la *Table*.

Elle est suivie de la *Forme des prières ecclésiastiques*, du *Catéchisme*, c'est-à-dire le formulaire d'instruire les enfans en la chrestienté, de la *Confession de foy* et du *Petit Catéchisme*. (Voir : Willems. *Les Elzevier*, n° 49).

Bel exemplaire recouvert d'une riche et jolie reliure de l'époque. — Légère mouillure.

48. Les Pseaumes de David, mis en rime françoise par Clément Marot et Théodore de Bèze. *S. l.* (*Lyon*), *par Jean de Tournes*, 1611, in-8, texte encadré de bordures gr. sur bois, portr. et musique notée, v. f. moderne, dos orné, fil. à froid.

Edition rare dont toutes les pages sont encadrées des jolies bordures, parmi lesquelles celles gravées sur bois par le Petit Bernard pour la *Métamorphose figurée*, bordures qui, comme on le sait, contiennent des sujets grotesques, parfois même un peu obscènes.

On a ajouté : *La forme des Prières ecclésiastiques*, avec la manière d'administrer les sacremens et célébrer le mariage, et la visitation des malades.

Mouillures. — Titre doublé.

49. Les Pseaumes de David, mis en rime françoise, par Clément Marot et Théodore de Bèze. *A Amsterdam, chez Samuel Smyters*, 1617. — CL Psalmen Davids uyt den francoyschen in Nederlandschen Dichte over goset door Petrum Dathenum... *T'Amstelredam, gedruckt by Paulus Hertsz van Kavesteyn*, 1628. — Ens. 2 vol. in-32, musique notée, v. noir, dos orné, fil. et comp. à la Du Seuil, tr. dor. (*Rel. anc.*)

Curieuse reliure de l'époque recouvrant, au moyen d'un seul morceau de peau, les deux volumes placés tête-bêche.

50. Les Pseaumes de David, mis en rime françoise, par Clément Marot et Théodore de Bèze. *Se vendent à Charenton, par Estienne Lucas*, 1660, in-12, musique notée, v. brun, dos orné, comp. à petits fers, tr. dor. (*Rel. anc. fatiguée.*)

On a ajouté : La *Forme des prières ecclésiastiques* et la *Confession de foy*.

51. Les Pseaumes de David, mis en rime françoise, par Clément Marot et Théodore de Bèze. *Se vendent à Montanban* (sic), *chez Jacques Garrel*, 1669, in-12, v. f. dos orné à petits fers, fil. tr. dor. (*Niedrée.*)

Belle et rare édition imprimée en gros caractères, suivie de la *Forme des prières ecclésiastiques* et du *Catéchisme*.

52. Les Pseaumes de David, mis en rime françoise, par Clément Marot et Théodore de Bèze. *Se vendent à Charenton, par Estienne Lucas*, 1674, fort vol. gr. in-8, v. f. moderne, dos orné, fil. et comp. à la Du Seuil, tr. r.

Edition peu commune, imprimée en très gros caractères.

53. Les Pseaumes en vers françois retouchez sur l'ancienne version de Cl. Marot, et Th. de Bèze. Par M. V. Conrart, conseiller et secrétaire du Roy. *Se vendent à Charenton, par Antoine*

Cellier, 1680, in-12, musique notée, v. f. ant. dos orné, riches comp. à petits fers et au pointillé sur les plats, tr. dor.

Une des premières éditions de la révision de V. Conrart.

54. Psaumes de David mis en rime française par Clément Marot et Théodore de Bèze. — Réunion de 8 vol. reliés en v. ant. chag. noir ou vélin.

Editions de *La Rochelle, par les héritiers de Hierosme Haultin*, 1606, pet. in-fol. de 32 ff. non ch. demi-rel. vélin moderne avec coins (*Exemplaire rogné à la lettre; déchirure enlevant du texte à un feuillet*). — *Charenton, Louis Vendosme*, 1664, in-12, 12 vign. gr. v. brun ant. — *Charenton, Antoine Cellier*, 1671, in-12 réglé, chag. noir, fermoirs (*Taches*). — *Nyort, Veuve Philippe Bureau*, 1676, in-12, vélin. (*Taches*). — *Charenton, Antoine Cellier*, 1683, in-12, vélin. — *Amsterdam, Dusauzet*, 1730, in-48, v. brun ant. — *Amsterdam, Z. Chatelain*, 1730, in-12, v. ant. marb. — *Amsterdam, Wetstein et Smith*, 1741, in-12, titre-front. gr. chag. noir.

55. Les C. L. Pseaumes de David mis en vers françois par Philippes Desportes, abbé de Thiron. Reveu et corigé (*sic*) de nouveau. — Prières et méditations chrestiennes (par le même). — *Paris, Impr. de J. de La Carrière*, 1623. — Ens. 2 ouvrages en 1 vol. in-12, titre-front. gr. par P. Brou, vélin.

56. Paraphrase des Pseaumes de David, en vers françois, par Mr Antoine Godeau, evesque de Grasse et Vence. Dernière édition, revue exactement, et les chants corrigez et rendus propres et justes pour tous les couplets, par Mr Thomas Gobert... *Suivant la copie, à Paris, chez Pierre Le Petit*, 1676, in-12, front. gr. et musique notée, mar. citron, fil. tr. dor. (*Rel. anc.*)

Edition sortie des presses de Wolfgang et s'annexant à la collection elzevirienne. (*Willems*, n° 1897).

57. Pseaumes de David, traduits en françois selon l'hébreu (par Lemaistre de Sacy). *Imprimez à Trevoux, par l'ordre de Madame Souveraine de Dombes*, 1689, in-8, front. et titre gravés, mar. olive, fil. à froid, *doublé de mar. r.* dent. tr. dor. (*Rel. anc.*)

Exemplaire réglé.

58. Le Livre des Psaumes. Version de J.-F. Ostervald, révisée par un Pasteur de l'Eglise réformée. *Nancy, Berger-Levrault et Cie*, 1875, gr. in-8 à 2 col. mar. grenat, dos orné, fil. et comp. dent. int. tr. dor.

Bel exemplaire sur PAPIER DE HOLLANDE.

59. Psaumes de David en italien. — Réunion de 3 vol. reliés.

Sessanta Salmi di David tradotti in rime volgare italiane. *S. l. della Stampa di Giovan Batista Pineroli*, 1573, in-12, titre dans un encadrement gr. sur bois, v. f. moderne, dos orné, fil. (*Raccommodage au titre*). — Gli Cento cinquanta Sacri Salmi, ridutti in rime volgari italiane, da Pietro Gillio, pastore. *In Geneva, per Gio. di Tornes*, 1644, in-12, vélin (*Taches*).

— I Sacri Salmi di David messi in rime volgari italiane da Giovanni Diodati. *In Haërlemme, appresso Jacobo Albertz*, 1664, in-8, demi-rel. v. ant. marb.

60. Commentaires et Critiques de l'Ancien Testament. — Travaux de MM. E. Arnaud, C. Bastie, S. Descombaz, L. Gaussen, J.-B. Glaire, etc. — Réunion de 15 vol. in-12 et in-8, demi-rel. v. ou mar. brun, r. et vert.

3. *Nouveau Testament*

61. Novum Testamentum græce. *Argentorati, apud Vuolfium Cephalæum. Anno* 1524, in-8, titre dans un encadrement gr. sur bois et marque de l'imprimeur au verso du dernier f. cuir de R. dos orné, fil. dor. et dent. à froid, non rog. (*Duplanil fils.*)

Edition très rare, donnée par Joh. Leonicer.
Bel exemplaire. — Très léger grattage au titre.

62. Novum Testamentum (græce), ex Bibliotheca Regia. *Lutetiæ, ex officina Roberti Stephani*, 1549, 2 vol. in-16, v. brun ant. fil. tr. r.

Edition recherchée. C'est celle qui renferme la fameuse faute *Pulres* au sujet de laquelle une polémique fut engagée entre De Bure et le *Journal de Trévoux*.
Exemplaire réglé. — Mouillure.

63. Novum Jesu Christi Domini nostri Testamentum (græce). Additis summis rerum et sententiarum, quæ singulis capitibus continentur... *Genève, Jean Crespin*, 1553, in-8, vélin. — Novum Jesu Christi D. N. Testamentum (græce). *Genève, P. de la Rovière*, 1609, petit in-12, titre avec encadr. gr. sur bois, vélin. (Tache). — Ensemble 2 vol.

64. Novum Jesu Christi domini nostri Testamentum (græce), ex regiis aliisque optimis editionibus cum curà expressum. *Sedani, ex typographia et typis novissimis Joannis Jannoni*, 1628 (in fine : 1629), in-32, mar. r. à long grain, dos orné, fil. dor. et dent. à froid, doublé et gardes de moire bleue, tr. r. (*Simier.*)

Jolie édition, en très petits caractères, et où il n'y a, dit-on, que trois fautes d'impression. On y a suivi le texte des Elzevier.

65. Novum Testamentum græcum... studio et labore Joannis Millii ; collectionem Millianam recensuit, meliori ordine disposuit, novisque accessionibus locupletavit Ludolphus Kusterus. *Roterodami, apud C. Fritsch et M. Bohm*, 1710, in-fol. fleuron sur le titre et vign. gr. v. f. ant. dos orné, tr. r.

Exemplaire sur Grand Papier, portant sur le dos (un peu fatigué) les armes du Prince de Rohan-Soubise.

66. Nouveau Testament *en grec.*— Editions de L. Van Ess, Oscar de Gebhardt, Tischendof, Tittmann, etc.— *Bâle et Leipzig*, 1819-1884. — Réunion de 7 vol. in-12 et in-8, demi-rel. vélin, v. chag. ou mar.

67. Codex Ephræmi Syri rescriptus, sive fragmenta Novi Testamenti e codice græco parisiensi celeberrimo quinti ut videtur post Christum seculi eruit atque edidit Constantinus Tischendorf. *Lipsiæ, Tauchnitz*, 1843, in-4 chag. vert, dos orné, fil. comp. et milieu doré et à froid, tr. dor.

Bel exemplaire provenant de la bibliothèque de M. Guizot.

68. The Greek New Testament ; edited from ancient authorities; with their various readings in full, and the latin version of Jerome, by Samuel Prideaux Tregelles. *London, Samuel Bagster*, 1857-1879, 6 vol. in-4, cart.

69. Testamentum Novum omne, ad græca veritatè, latinorumq ; codicum emendatissimorũ fidem iterum diligentissime a D. Erasmo Roterodamo recognitum. Adjecta et nova illius præfatiõe præterea, addita sunt in singulas Apostolorũ epistolas argumenta per eundem Erasmum Roterod. *Moguntiæ* (*Joannis Schœffer*), 1521, in-8, car. ital. titre dans un encadrement gr. sur bois, ais de bois couverts de peau de truie estampée. (*Rel. de l'époque* un peu fatig.)

Edition très rare de cette version donnée par Erasme. Elle n'est pas citée par Brunet qui n'indique que les éditions postérieures de 1542, 1552 et 1556.

Annotations marginales de l'époque ; mouillure dans la marge supérieure des premiers et des derniers ff.

70. Novum Testamentum, per D. Erasmum Roterodamum novissime recognitum... Additis picturis totius Novi Testamenti quibus miracula et visiones exprimãtur. Recens Elenchus librorum totius Novi Testamenti, per Cornelium Grapheum. *Væneunt Antverpiæ sub intersignio Rubri Castri.* (A la fin) : *Antverpiæ, typis Guilielmi Montani. Anno* 1540, in-12, nombr. fig. gr. sur bois, v. brun ant. dos orné.

Edition très rare, non citée par Brunet.
La moitié supérieure du f. 168 est refaite à la plume.

71. Novum Testamentum, haud pœnitendis sacrorum Doctorum scholijs, Joannis Benedicti theologi Parisiẽsis, cura concinnatis, non inutiliter illustratum. — Divi Pauli Epistolæ, non vulgaribus Doctorum Scholijs illustratæ. — *Parisiis, apud Simonem Collinæum et Galeotum à Prato*, 1543. — Ens. 2 parties en 1 vol. in-8 réglé, lettres ornées, v. f. dos et milieu de feuillage, fil. tr. dor. (*Rel. anc.*)

Edition recherchée, donnée par Jean Benoist.
Exemplaire réglé, bien conforme à la description donnée par M. Philippe Renouard dans sa savante *Bibliographie des éditions de Simon de Colines*,

p. 381. Il est recouvert d'une curieuse reliure (légèrement restaurée) avec guirlandes de feuillage sur le dos et au centre des plats, et portant les chiffres de GASTON D'ORLÉANS et de MARGUERITE DE LORRAINE, sa seconde femme (deux G, deux M et deux λ entrelacés).

72. Le Nouveau Testament, c'est-à-dire la Nouvelle Alliance de Nostre Seigneur Jésus-Christ, reveu et corrigé de nouveau sur le grec, par l'advis des ministres de Genève, avec annotations reveuës et augmentées par M. Augustin Marlorat. *Lyon, par Antoine Vincent*, 1564, in-16, mar. r. jans. dent. int.

EDITION RARE.
Titre doublé ; timbre de bibliothèque ; quelques petites taches.

73. Le Nouveau Testament de Nostre Seigneur Jesus Christ, françois et alleman. *S. l (Genève), par Jacob Stoer*, 1594, 2 parties en 1 fort vol. in-12, texte en français et en allemand, titre dans un encadrement gr. sur bois, vélin à recouvrements, fil. à froid.

Edition très rare.
Exemplaire avec l'encadrement du titre colorié anciennement.

74. Le Nouveau Testament c'est-à-dire la Nouvelle Alliance de Nostre Seigneur Jésus-Christ. — Les Pseaumes de David, mis en rime françoise par Clément Marot et Théodore de Bèze. — *A La Rochelle, par Pierre Pié de Dieu, s. d* (1624). — Ens. 2 ouvrages en 1 vol. in-8, titres dans des encadrements gr. sur bois et musique notée, v. brun ant. fil. à froid.

Edition fort rare.
On a ajouté la *Forme des Prières ecclésiastiques*, avec la manière d'administrer les sacremens et célébrer le mariage et la Confession de foy des Eglises réformées de France.

75. Le Nouveau Testament, c'est-à-dire la Nouvelle Alliance de Nostre Seigneur Jésus Christ. *Se vendent à Charenton, par Pierre Des-Hayes*, 1647, front. gr. — Les Pseaumes de David, mis en rime françoise, par Clément Marot et Théodore de Bèze. *Se vendent à Charenton par Anthoine Cellier*, 1654, musique notée. — Ens. 2 ouvrages en 1 vol. in-12, front. gr. et musique notée, vélin vert, dos et plats couverts de comp. à petits fers et au pointillé, tr. dor. (*Rel. anc.*)

Curieuse et riche reliure de l'époque, légèrement défraîchie.
On a ajouté à la fin du volume : La *Forme des prières ecclésiastiques et la Confession de foi.*

76. Le Nouveau Testament de Notre Seigneur Jésus-Christ traduit en français par Mesenguy. Nouvelle édition avec une préface par M. Silvestre de Sacy, *Paris, Techener*, 1860, 3 vol. in-16, pap. vélin, chag. noir, dent. int. tr. dor.

De la *Bibliothèque spirituelle.*

77. Le Nouveau Testament de Notre Seigneur Jésus-Christ. Version de J.-Fr. Ostervald révisée par Ch.-L. Frossard, pasteur de l'Eglise Réformée de France. *Paris, Berger-Levrault*, 1869, gr. in-8 à 2 col. v. f. dos orné, fil. large dent, à petits fers et dent. int. tr. peigne.

Bel exemplaire sur papier fin.

78. Le Nouveau Testament de Notre Seigneur Jésus-Christ. Version de J.-Fr. Ostervald, révisée par Ch.-L. Frossard, pasteur de l'Eglise Réformée de France. *Paris, Société biblique de France*, 1873, gr. in-8 à 2 col. v. f. dos orné, fil. non rog.

Cette édition a été offerte à la Société en souvenir de Mlle Priscille Frossard.
Bel exemplaire sur PAPIER DE HOLLANDE.

79. Le Nouveau Testament de Notre Seigneur Jésus-Christ. Version revue par Ch. L. Frossard, pasteur archiviste du Synode général de l'Eglise réformée de France. *Paris, Berger-Levrault et Cie*, 1880, gr. in-4, texte encadré d'un double fil. r. br. dans un emboitage avec attaches.

Exemplaire numéroté sur GRAND PAPIER DE HOLLANDE.

80. The New Testament of Our Lord and Saviour Jesus Christ, translated out of the original greek, and with the former translations diligently compared and revised, by His Majesty's special command. *Edinburgh, Hunter Blair and Bruce*, 1824, in-8 à 2 col. v. r. dos orné, fil. et dent. à froid, tr. dor. (*Rel. de l'époque.*)

Exemplaire aux armes royales d'Angleterre, provenant de la bibliothèque de M. GUIZOT.

81. Introductio utilissima, Hebraice discere cupientibus, cum latiori emendatione Jo. Bœschenstein. Oratio dominica. Angelicæ salutatio. *Coloniæ, apud Joannem Gymnicum*, 1539, 8 ff. non ch. titre dans un encadrement gr. sur bois et marque de l'imprimeur au recto du dernier feuillet. — Matthiæ Bredebachii Kerspens. Introductiuncula in græcas literas, quantum ad rectè legendi et pronunciādi rationē attinet, tam veterem juxta Erasmi sententiam, q̃ illam qua nostra utitur ætas. *Coloniæ, ex officina Eucharij Cervicorni*, 1539, 16 ff. non ch. dont le dernier blanc. — Ens. 2 pièces en 1 vol. in-8, demi-rel. mar. bleu.

Pièces très rares.
Mouillure.

82. Oratio Dominica nimirum plus centum linguis, versionibus aut characteribus reddita et expressa. Editio novissima, speciminibus variis quam priores auctior. *Augspurg, s. d.* in-fol.

de 2 ff. prél. non ch. et 22 pp. 4 vign. gr. sur cuivre, demi-rel. v. f.

83. Commentaires et Critiques du Nouveau Testament. — Travaux de MM. E. Arnaud, Albert Barnes, J. Berger de Xivrey, L. Bonnet et Ch. Baup, J.-E. Cellerier fils, Robert Haldane, Henri Lutteroth, Jean-David Michaëlis, H. Monneron, Néander, Hermann Olshausen et John Bird Sumner. — Réunion de 26 vol. in-12 et in-8, dont 1 broché et 25 bien reliés.

84. Harmoniæ Evangelicæ libri III græce et latine, in quibus evangelica historia ex quatuor Evangelistis ita in unum est contexta... Item annotationum liber unus ; Elenchus Harmoniæ. Autore Andrea Osiandro. *Basileæ* (*Froben*), 1537, 3 parties en 1 vol. in-fol. peau de truie estampée.

Première édition, très rare.
Exemplaire portant des annotations manuscrites de l'époque, en marge de plusieurs ff.

85. Dictionnaires bibliques, Concordances, Harmonies, etc. — Réunion de 7 vol. in 16, in-8 et in-4, reliés.

Harmoniæ Evangelicæ libri IV. Authore Andrea Osiandro. *Lutetiæ, ex officina Rob. Stephani*, 1545. — Th. Lebens. Onomasticon theologicum. *Witebergæ*, 1560. — Romanæ Correctionis in latinis Bibliis editionis vulgatæ, jussu Sixti V. Pont. Max recognitis, loca insigniora ; observata à Francisco Luca. *Antverpiæ*, 1603. — Concordantiæ Bibliorum utriusque Testamenti, Veteris et Novi... à Franc. Luca Brugensi adnotata. *Lugduni*, 1616. — J. Mellet. Irenicum. *Francofurti*, 1661. — Codex pseudepigraphus Veteris Testamenti, collectus castigatus, testimoniisque, censuris et animadversionibus illustratus à J.-A. Fabricio. *Hamburgi*, 1713-1723, 2 vol. front. gr.

86. Dictionnaires bibliques, Concordances, Harmonies, etc. — Réunion de 7 vol. in-8 et in-4, reliés.

Novum Lexicon græco-latinum in Novum Testamentum, congessit et... illustravit J.-Frieder. Schlevsner. *Lipsiæ*, 1808, 2 vol. — Archæologia Biblica in epitomen redacta a Joh. Jahn. *Viennæ*, 1814. — Synopsis Evangeliorum Matthaei, Marci et Lucae cum Joannis Pericopolis parallelis, edidit Mauritius Roediger. *Halis Saxonum*, 1839. — Clavis Novi Testamenti philologica, auctore C.-A. Wahl. *Lipsiæ*, 1843. — Harmonie des quâtre Évangiles publiée en grec par le Dr Robinson. *Bruxelles*. 1851. — A Complete concordance to the Old and New Testament : or, a Dictionary, and alphabetical index to the Bible, in two parts by Alexander Cruden. *London*, 1859, portr. gr.

4. Biographies et Figures bibliques. — Mélanges

87. Vie de Jésus, ou Examen critique de son Histoire, par le docteur David-Frédéric Strauss, traduite de l'allemand par E. Littré. *Paris*, *Ladrange*, 1856, 2 vol. gr. in-8, demi-rel. chag. brun, dos orné.

88. Vies de Jésus. — Réunion de 9 vol. in-8 et in-12, dont 3 brochés et 6 reliés.

La Vie de Jésus-Christ, par Jean Kuhn, traduite de l'allemand, par F. Nettement *Paris*, 1842. — Vie de Jésus, par A. Néander, traduite de l'allemand, par Pierre Goy, pasteur. *Paris*, 1851-1852, 2 vol. — Le Jésus de M. Renan, par Napoléon Roussel. *Paris*, 1863, — Le Fils de l'homme. Conférences sur l'humanité de Jésus-Christ prêchées à Genève et à Paris, par Frank Coulin. *Genève*, 1866. — La Personne de Jésus-Christ ; le miracle de l'histoire, par Ph. Schaff, traduit de l'allemand par M. Sardinoux. *Toulouse*, 1866. — Réponse au Livre du Dr D.-F. Strauss, la Vie de Jésus par Athanase Coquerel. *Paris*, 1867. — Vie de Jésus-Christ, par E. de Pressensé. *Paris*, 1878. — La Vie de Jésus racontée en vers français d'après les Evangiles, par Marc-Monnier. *Paris*, 1874.

---

89. Justi Lipsii de Cruce, libri tres. Ad sacram profanamque historiam utiles. Unà cum notis. Editio quarta, serio castigata. *Antverpiæ, ex officina Plantiniana, apud Joannem Moretum*, 1599, in-4, nombr. fig. gr. sur cuivre, demi-rel. v. f. moderne, dos orné, tr. r.

90. Discours historiques, critiques, théologiques et moraux, sur les événemens les plus mémorables du Vieux et du Nouveau Testament, par M. Jaques Saurin, continuez par MM. Roques et de Beausobre, avec des figures gravées de Hoet, Houbraken et Picart. *La Haye, de Hondt*, 1728-1739, 6 vol. in-fol. frontispices et 212 pl. gr. v. ant. dos orné.

91. Figure del Nuovo Testamento, illustrate da versi vulgari italiani. *In Lione appresso Guglielmo Rovillio*, 1570, pet. in-8, fig. sur bois, mar. vert à long grain, dos orné, fil. et comp. à la Du Seuil, tr. dor. (*Dewatines*.)

Première édition de ce recueil de 160 figures gravées sur bois par Jean Moni, d'après celles de Bernard Salomon. Les stances qui les accompagnent sont de Gabriel Simeoni.

Exemplaire un peu court de marges ; petite tache au titre.

92. Figures de la Bible, illustrées de huictains françoys pour l'interprétation et intelligence d'icelles (par Guillaume Guéroult). *Lyon, Roville*, 1565, 260 fig. (sur 268). — Figures du Nouveau Testament (avec les Actes des Apôtres), illustrées de huictains françoys,.. (par Claude de Pontoux). *Lyon, Roville*, 1570, 159 fig. — Ens. 2 parties en 1 vol. pet. in-8, 419 fig. par J. Moni, v. f. ant. dos orné, fil. tr. r.

Edition recherchée pour les figures gravées sur bois par Jean Moni, imitées de celles de Bernard Salomon, dont elle est ornée.

Exemplaire incomplet de quatre ff. (Aij, Aiij, Avj et Avij. — Griffonnages sur le titre et au verso du dernier f.

93. Figures historiques du Vieux et du Nouveau Testament, accompagnées de quadrains en latin et en français, qui

exposent l'Histoire représentée en chaque figure. *Genevæ, apud Samuelem de Tournes*, 1681, 2 parties en 1 vol. in-8, 358 fig. gr. sur bois, mar. brun jans. dent. int. tr. dor.

Edition peu commune, ornée de jolies figures gravées sur bois par Bernard Salomon, dit *le Petit Bernard*, dont les planches avaient été conservées dans la famille des De Tournes.

Bel exemplaire.

94. Icones Biblicæ præcipuas sacræ historias eleganter et graphice repræsentantes. Biblische figuren darinnen die fürnemsten Historien, in heiliger göttlicher Schrifft begrissen, gründtlich und geschtchtmässig entworssen, zu nuts und Belustigung gottsförchtiher kunstverständiger Personen artig vorgebildet an Tag gegeben durch Matthæum Merian von Basel. Mit Versen und Reimen in dreyen Sprachen geziert und erkläret. *Straszburg, in Verlegung Lazari Zetzners, s. d.* (1625-1630). 4 parties en 1 vol. in-4 obl. 3 titres-front et 223 pl. gr. vélin.

Ouvrage curieux et rare, recherché pour les jolies estampes gravées en taille-douce par Mathieu Mérian dont il est orné.

Exemplaire incomplet de 7 ff. de texte; raccommodages en marges de plusieurs ff.; quelques planches doublées.

95. Histoire du Vieux et du Nouveau Testament, représentée en 466 figures en taille-douce. *Locle, chez Samuel Girardet*, 1781, 2 parties en 1 vol. in-8, 5 front. et 466 fig. gr. par A. Girardet (sans les 2 cartes), demi-rel. v. f. moderne, dos orné.

Exemplaire monté sur onglets de cette suite peu commune.

96. Commentaire géographique sur l'Exode et les Nombres, par Léon de Laborde. *Paris, Renouard*, 1841, in-fol. 9 cartes ou plan et fig. cart.

II. THÉOLOGIENS ET ÉCRIVAINS PROTESTANTS

1. *Auteurs des XVe et XVIe siècles*

97. Disputatio Joannis Hus, quam absoluit dum ageret Constantiæ, priusq̃ in carcerem conijceretur (*sic*). Condemnatio utriusq̃; speciei in Eucharistia à concilio Constantiensi. Et protestatio quam in epistolis conservatam cupit. Vitebergæ, 1537 (A la fin :) *Vitebergæ, excudebat Nicolaus Schirlenz*, 1537, pet. in-8 de 16 ff. non ch. titre dans un encadrement gr. sur bois, demi-rel. vélin moderne.

98. Tomus primus (secundus, tertius et quartus) omnium Operum Reverendi Patris D. M. L. (Dr Martin Luther)... *Ienæ, excudebat Christianus Rhodius*, 1556-1558, 4 vol. in-fol.

titres et front. gr. ais de bois couverts de peau de truie estampée de compartiments avec portraits de personnages bibliques, fermoirs en cuivre.

Edition recherchée renfermant les œuvres latines complètes. Bel exemplaire.

99. Ain Sermon von dem Gleyszner uñ offenbarn sũnder. Luce am xviij. Doct. Mart. Luther, geprediget zü Wittenburg, 1523. *S. l.* (1523), in-4, goth. de 6 ff. non ch. titre dans un encadrement gr. sur bois, dérel. — Warnunge D. Martini Luther, An seine lieben Deudschen. *S. l.* (1531), in-4, goth. de 8 ff. non ch. (incomplet de la fin), titre dans un encadrement gr. sur bois, en feuilles, *non rog.* — Ensemble 2 pièces.

100. De Bonis Operibus libellus, ab authore Marth. Luthero, primum germanice solum editus, iam vero latine redditus. Cui, quod quasi decem præceptorum sit commentarius, eorundem succinctam quadã ac non aspernandam assignationem enucliationemq; præmittendã censuimus. *Basileæ, anno M.D.XXV* (A la fin :) *Basileæ, anno reparatæ salutis, M.D.XXV. ipsis Kalendis februariis. Excudebat Thomas Volffius* (1525), in-8, car. ital. titre dans un encadrement gr. sur bois, marque de l'imprimeur au verso du dernier f. v. f. moderne, dos orné, fil. dent. int.

101. Disputatio theologica. An hæc propositio sit vera in philosophia, Verbum caro factum est, XI januarij, anno M.D·XXXIX. *Wittenberge* (1539), pet. in-8 de 4 ff. non ch. demi-rel. vélin moderne.

102. Epistola de Miseria, curatorum seu Plebanorum, æditus anno 1489. Cum præfatione D. Mart. Luth. (A la fin :) *Impressum Vittembergæ, per Nicolaum Schirlentz, anno* 1540, in-8 de 16 ff. non ch. dont le dernier blanc, titre dans un encadrement gr. sur bois et lettres ornées, dérel. puis br.

Exemplaire avec de nombreux témoins.

103. In Quindecim Psalmos graduum commentarij, ex prælectionibus D. Martini Lutheri, summa fide collecti. M.D.XLII (A la fin :) *Argentorati, apud Cratonem Mylium, an. M.D.XLII. mense martio* (1542), in-8, car. ronds et lettres ornées, mar. vert jans. dent. int. tr. dor. (*Thompson.*)

Bel exemplaire portant en marge de quelques ff. des annotations manuscrites de l'époque. Il provient de la bibliothèque Solar.

104. Omnium Operum reverendi viri Philippi Melanthonis (edente Gasp. Peucer). *Wittebergæ, excudebat Johannes Crato*, 1562-1564, 4 vol. in-fol. portr. gr. sur bois, ais de bois

couverts de peau de truie estampée, fermoirs en cuivre (*Rel. datée de* 1576.)

Bel exemplaire de cette édition recherchée. Il est couvert d'une reliure ornée de compositions bibliques ou allégoriques : *Le Crucifiement, la Sortie du Tombeau, la Foi, la Justice*, etc.

105. Annotationes Philippi Melanchthonis in Epistola Pauli ad Romanos unam, et ad Corinthios duas. *Argentorati. apud Johannem Hervagium*, 1523. — Annotationes Joan. Bugenhagii Pomerani in decem Epistolas Pauli... Item Concordia evangelistarum de Resurrectione ac Ascensione domini. *S. l. n. d.* (A la fin :) *Impressum anno M. D. XXIIII* (1524). — Ens. 2 ouvrages en vol. in-8, titre du premier ouvrage dans un bel encadrement gr. sur bois et lettres ornées, v. f. ant. estampé. (*Rel. de l'époque, un peu fatig.*)

Editions originales.

106. Omnia latina scripta Matthiæ Flacij Illyrici, hactenus sparsim contra Adiaphoricas fraudes et errores ædita, et quædam prius non excusa, catalogum versa pagina indicabit. Omnia correcta et aucta. (A la fin :) *Magdeburgæ, 15 Cal. Aprilis, Anno* 1550, in-8, v. ant. granit, dos orné, tr. r.

Ouvrage très rare du célèbre théologien protestant Matthias Flach-Francowitz, plus connu sous le nom de *Flacius Illyricus*.
Le titre a été consolidé.

107. Annotationes piissimæ doctissimæ que in Joseam, Joëlam, Amos, Abdiam, etc, D. Joanne Oecolampadio autore. *Basileæ*, 1535, in-8, ais de bois couverts de peau de truie estampée, fermoirs en cuivre.

Edition originale de ce recueil des commentaires du célèbre réformateur Bâlois sur les petits Prophètes.
On a ajouté : In Micheam prophetam commentarius D. Pauli Constantini Phrygionis. *Argentorati* (*apud Cratonem Mylium*), 1538. — In Obadiam prophetam : et Psalmum 137 commentariolus, ad inclitum senatum Francofurtensem Joannes Draconites. (A la fin :) *Argentorati, apud Vuolffgangum Cæphaleum Anno M. D.XXXVIII* (1538), titre avec un bel encadrement gr. sur bois.

108. De Vera et falsa Religione, Huldrychi Zvinglij commentarius. *Tiguri, ex officina Froschoviana, s. d.* (1525), in-8, car. ital. cart. bradel perc. blanche, tr. dor. et ciselée.

Edition originale, très rare.
Bel exemplaire auquel on a conservé son ancienne tranche ciselée.

109. Vondem Nachtmal || Christi widergedecht || nus oder vancksagung Huldrychen Zuing || lis mei nung yetz jm lalinischen commentario || beschriben uñ durch vry get rüw brü || der ylends in tütsch gebracht. Ab || Gottwil zü güt em ouch tüt || scher Nation. || *Getruckt zü Zurich, durch Christophorum Froschower... M. D. XXV* (1525), in-4, goth. de 44 ff.

non ch. titre dans un encadrement gr. sur bois, marque de l'imprimeur au verso du dernier f. et lettres ornées. br. couverture de papier bleu.

Edition très rare.

110. JOANNIS CALVINI OPERA QUÆ SUPERSUNT OMNIA. Ad fidem editionem principum et authenticarum ex parte etiam codicum manu scriptorum. Additis prolegomenis literariis, annotationibus criticis, annalibus calvinianis, indicibus que novis et copiossimis; ediderunt Guilielmus Baum, Eduardus Cunitz, Eduardus Reuss theologi Argentoratenses. *Brunsvigæ, apud Schwetschke et filium*, 1863-1900, 59 tomes en 53 vol. in-4 à 2 col. portr. gr. dont 37 br. et 16 en demi-rel. mar. brun, tr. r. (*Kaufmann.*)

Exemplaire bien complet de cette excellente édition.
De la Collection du *Corpus reformatorum*.

111. Institutio Christianæ religionis nunc verè demum suo titulo respondens. Authore Joanne Calvino. Joannes Sturnius. Joannes Calvinus homo acutissimo judicio, summaqȝ doctrina et egregia memoria præditus est : et scriptor est varius, etc. *Argentorati, per Wendelinum Richelium*, 1543, in-fol. de 22 ff. prél. dont 1 blanc et 505 pp. ais de bois recouverts de peau de truie estampée, fermoir (*Rel. anc.*)

Troisième édition originale, très rare et peu connue. Elle est refondue et le texte est distribué en 21 chapitres, disposition définitive, adoptée pour toutes les éditions postérieures.

Reliure de l'époque dont les plats sont ornés de petits portraits en médaillons et de figures de femmes à mi-corps. — Annotations marginales anciennes.

112. Institutio Christianæ religionis nunc verè demum suo titulo respondens. Authore Joanne Calvino. Joannes Sturnius. Joannes Calvinus homo acutissimo judicio, summaqȝ doctrina et egregia memoria præditus est : et scriptor est varius, etc. *Argentorati, per Wendelinum Richelium*, 1543, in-fol. de 22 ff. prél. dont 1 blanc et 505 pp. v. brun ant. estampé. (*Rel. du XVI*[e] *siècle.*)

Troisième édition originale, très rare et peu connue.
Exemplaire réglé, avec quelques annotations marginales de l'époque.

113. Institutio Christianæ religionis, in libros quatuor nunc primum digesta, certisque distincta capitibus, ad aptissimam methodum: aucta etiam tam magna accessione ut propemodum opus novum haberi posset. Joanne Calvino authore. *Oliva Roberti Stephani, Genevæ*, 1559, in-fol. vélin à recouvrements.

Dernière édition revue par Calvin, entièrement refondue, avec un index par Nicolas Colladon.

114. Institutio Christianæ religionis, in libros quatuor nunc primum digesta, certisque distincta capitibus, ad aptissimam methodum... Johanne Calvino authore. *S. l.* (*Genève*), *excudebat Antonius Rebulius*, 1561, in-8, bas. f. ant.

Exemplaire réglé.
Annotation manuscrite au verso du dernier f. et sur un f. blanc ; léger raccommodage au titre.

115. Institution de la Religion chrestienne nouvellement mise en quatre livres et distinguée par chapitres, en ordre et méthode bien propre. Augmentée aussi de tel accroissement qu'on la peut presque estimer un livre nouveau, par Jean Calvin. *A Genève, de l'imprimerie de Jaques Bourgeois*, 1561, fort vol. in-8, bas. ant. marb.

Mouillure ; titre doublé.

116. Institution de la Religion chrestienne, mise en quatre livres et distinguée par chapitres, en ordre et méthode bien propre, par Jean Calvin. *Genève, Imprimerie de Jacques Bourgeois*, 1562, pet. in-fol. vélin.

Edition très rare, non citée dans la nouvelle édition de la *France protestante*, qui ne mentionne qu'une édition in-8 sortie sous la même date de la même officine.
Mouillure.

117. Institution de la Religion chrestienne. Nouvellement mise en quatre livres : et distinguée par chapitres, en ordre et méthode bien propre. Augmentée aussi de tel accroissement, qu'on la peut presque estimer un livre nouveau. Nous avons aussi adiousté deux indices très amples, tant des matières contenues en ce livre, que des passages de la Bible qui y sont alleguez, selon l'ordre du vieil et nouveau Testament... par Jean Calvin. *A Lyon, par Pierre Haultin*, 1565, in-fol. vélin à recouvrements.

Edition rare et très recherchée.
Exemplaire de Jacques-Antoine Rabaut, dit *Pommier*, pasteur et membre de la Convention, avec le timbre de sa bibliothèque sur le titre.

118. Institution de la Religion chrestienne. Nouvellement mise en quatre livres : et distinguée par chapitres, en ordre et méthode bien propre. Augmentée aussi de tel accroissement, qu'on la peut presque estimer un livre nouveau... par Jean Calvin. *A Lyon, par Pierre Haultin*, 1565, in fol, réglé, v. moderne acajou, dos orné, fil. tr. r.

Edition rare et très recherchée.
La reliure porte encastrés au centre des plats, deux milieux provenants d'une reliure du XVIe siècle, sur lesquels figure un monogramme formé des initiales P. A. M. (?) se détachant sur un fond criblé.

119. Institution de la Religion chrétienne par Jean Calvin. Nouvelle édition critique précédée d'une introduction et accom-

pagnée de notes par MM. Baum, Cunitz et Reuss, professeurs au Séminaire protestant de Strasbourg. *Brunsvic, Schwetschke et fils*, 1863-1866, 4 vol. in-4 à 2 col. portr. gr. br.

Tomes XXIX à XXXII du *Corpus reformatorum*. Les tomes I et II contiennent le texte latin et les tomes III et IV la traduction française de ce célèbre ouvrage.

120. Joannis Calvini commentarii integri in Acta Apostolorum, ab ipso Authore recogniti, et magna accessione locupletati... *S. l. (Genève), apud Joan Crespinum*, 1560. — Leçons de M Jean Calvin sur le livre des Prophéties de Daniel. Recueillies fidelement par Jean Budé et Charles de Jonviller, ses auditeurs. Et translatées de latin en françois... *A Genève*, 1562. — Ens. 2 ouvrages en 1 vol. in-fol. vélin.

Mouillure.

121. Commentaires de M. Jean Calvin sur les Canoniques... (S. Jacques, S. Pierre, S. Jude et S. Jean). *A Genève, chez Jean Gérard*, 1551, 4 parties en 1 vol. in-8, vélin à recouvrements.

Première édition de la traduction française de ces commentaires. Mouillure.

122. Commentaires de M. Jean Calvin sur les epistres canoniques de S. Pierre, S. Jean, S. Jaques et S. Jude, lesquelles sont aussi appelées catholiques. Revcus et augmentez. *A Genève, par Jean Bonnefoy*, 1562, in-fol. demi-rel. vélin moderne avec coins.

Piqûres de vers ; mouillure.

123. Commentaires de M. Jean Calvin sur le livre des Pseaumes. Ceste traduction est tellement reveuë et si fidèlement conférée sur le latin, qu'on la peut juger estre nouvelle. Avec une table fort ample... *S. l. (Genève), imprimé par François Estienne*, 1563, in-fol. v. brun ant. dos orné, fil. et milieu à fers azurés, tr. dor. (*Rel. de l'époque.*)

Exemplaire réglé de cette belle édition.

124. Commentaires de M. Jean Calvin sur toutes les épistres de l'Apôtre sainct Paul, item sur les Epistres canoniques de sainct Pierre, sainct Jean, sainct Jaques et sainct Jude, autrement appelés catholiques. En lisant et conférant ceste édition avec les autres, vous cognoistrez evidemment que l'autheur a le tout reveu et augmenté et que la traduction du texte est comme réduite en sa perfection. *A Lion, par Sébastien Honorati*, 1563, 2 parties en 1 vol. in-fol. à 2 col. demi-rel. bas. brune ant.

La table des matières, dont les 2 derniers ff. sont en partie détériorés par l'humidité, est détachée du volume ; mouillure ; raccommodage.

125. Commentaires de M. Jean Calvin sur le Livre de Josué, avec une préface de Théodore de Besze, contenant en brief l'histoire de la vie et mort d'iceluy ; augmentée depuis la première édition, et déduite selon l'ordre du temps quasi d'an en an. Il y a aussi deux tables, l'une des matières singulières, l'autre des tesmoignages de l'Escriture saincte alleguez et proprement appliquez par l'autheur. *A Genève de l'Imprimerie de François Perrin,* 1566, in-8, v. f. moderne, dos orné, fil. tr. dor.

PREMIÈRE ÉDITION de la traduction française.
Légère mouillure.

126 Commentaires de Jean M. Calvin sur les cinq livres de Moyse. Genèse est mis à part, les autres quatre livres sont disposez en forme d'harmonie. Avec cinq indices... *Genève, François Estienne,* 1564. — Commentaires de M. Jean Calvin sur le livre de Josué. Avec une préface de Théodore de Besze contenant en brief l'histoire de la vie et mort d'iceluy, *Genève, François Perrin,* 1565. — Ens. 2 ouvrages en 1 vol. in-fol. demi-rel, bas. brune ant.

Le premier ouvrage est en ÉDITION ORIGINALE.
Exemplaire réglé ; timbre de bibliothèque sur le titre.

127. Joannis Calvini, verbi Dei in ecclesia Genevensa fidelissimi ministri. Epistolæ duæ, de rebus hoc seculo apprime cognitu necessariis, ante annos tredecim editæ nũc denuo castigatius impressæ. Prior, de fugiendis impiorũ illicitis sacris et puritate christianæ religionis observanda. Altera, de christiani hominis officio in sacerdotiis Papalis ecclesiæ vel administrãdis, vel abiiciendis. *Genevæ,* 1550, pet. in-8 de 155 pp. et 2 ff. de table, cart.

DEUXIÈME ÉDITION ORIGINALE de ces lettres dirigées contre les gens qui n'osaient avouer leur adhésion aux nouvelles doctrines.
Mouillures en marge des premiers ff.

128. Joannis Calvini Opuscula. De Animæ immortalitate. Contra Anabaptistas, Libertinos, etc. Franciscum quendam. De vitandis superstitionibus. Cõtra Pseudonicodemos et consilia Phil. Melanchtonis, Martini Buceri, Petri Martyris, et ejusdem Calvini, etiam conclusio et duæ epistolæ, Cum copiosissimo indice... *S. l.* (*Genève*), *excudebat Nicolaus Barbirius et Thomas Courteau,* 1563, in-8, vélin.

Seconde édition de ces opuscules.

129. Sermon de M. J. Cal. (vin), où il est montré quelle doit estre la modestie des femmes en leurs habillements. I. Jean. 2. *S. l.* 1561, pet. in-8 de 39 pp. demi-rel. vélin moderne avec coins.

Petit livre très rare.

130. Sermons de M. Jean Calvin sur le livre de Job, recueillis fidelement de sa bouche selon qu'il les preschoit. *A Genève, (par Jean de Laon)*, 1563, in-fol. à 2 col. titre dans un encadrement gr. sur bois, v. moderne marb. tr. r.

Edition originale de ces sermons, qui, de tous ceux de Calvin ont eu le plus de réputation.
Le titre est doublé et raccommodé ; le dernier f. pour l'achevé d'imprimer manque ; la marge inférieure de 2 ff. prél. est refaite.

131. Sermons de Jean Calvin sur l'epistre S. Paul apostre aux Galatiens. *Genève, Imprimerie de François Perrin*, 1563, in-8, bas. ant, granit.

Seconde édition originale, rare.
Légère mouillure.

132. Joannis Calvini Epistolæ et Responsa. Quibus interjectæ sunt insignium in Ecclesia Dei virorum aliquot etiam Epistolæ. Ejusdem J. Calvini vita à Theodoro Beza Genevensis ecclesiæ ministro accurate descripta .. Omnia nunc primùm in lucem edita. *Genevæ, apud Petrum Santandreanum*, 1575, in-fol. vélin moderne à recouvrements, titre calligraphié sur le dos.

Edition originale.

133. Lettres de Jean Calvin, recueillies pour la première fois et publiées d'après les manuscrits originaux par Jules Bonnet. Lettres françaises. *Paris, Meyrueis*, 1854, 2 vol. in-8, v. f. dos orné, fil. tr. r. (*Kaufmann.*)

Bel exemplaire.

134. Traité des Reliques : ou Advertissement très utile du grãd profit qui reviendrait à la chrestienté, s'il se faisait inventaire de tous les corps saincts et reliques qui sont tãt en Italie, qu'en France, Allemagne, Espagne et autres royaume et pays. Par J. Calvin. Autre traitté des reliques contre le décret du concile de Trente, traduit du latin de M. Chemnicius. Inventaire des reliques de Rome, mis d'italien en françois. Response aux allégations de Robert Bellarmin, jésuite, pour les reliques. *A Genève, par Pierre de la Rovière*, 1601, in-16, v. ant. marb. dos orné, fil. tr. r.

Edition rare.
Nom sur le titre ; légère mouillure.

135. Jean Calvin. Ouvrages en éditions du XVIe siècle (*Commentaires, Institution, Prédestination*, etc.), la plupart incomplets du titre ou de feuillets. — Réunion de 9 vol. in-fol. in-8 et in-12, reliés.

136. Jean Calvin. Réimpressions de divers ouvrages.— Réunion de 10 vol. in-8 et in-12, dont 4 brochés et 6 reliés.

Œuvres françoises de J. Calvin, recueillies pour la première fois, précédées d'une notice bibliographique par P.-L. Jacob, bibliophile (P. Lacroix). *Paris*, 1842. — Catéchisme de l'Eglise de Genève. *Genève*, 1853. — Institution de la Religion chrétienne. *Paris*, 1859, 2 vol. — Commentaires sur le livre des Pseaumes. *Paris*, 1859, 2 vol. — Epistre de Jacques Sadolet, cardinal envoyée au Sénat et peuple de Genève... avec la responce de Jehan Calvin, translatée de latin en françoys. *Genève*, 1860. — Traité des Reliques. *Genève*, 1863. — Le Catéchisme français de Calvin, publié en 1537, réimprimé pour la première fois avec deux notices par Albert Rilliet et Théophile Dufour. *Genève*, 1878. — Vie de Jean Calvin. par Théodore de Bèze. Nouvelle édition, publiée et annotée par Alfred Franklin. *Paris*, 1869.

137. Postille majores to||tius anni cum multis historijs sive figuris ma||gnis ꝛ mediocribus Evangeliorum dominica||lium ac ferialiū propriis in locis nuper insertis:||... Adnotationes item aliquot apprime utiles ex commētarijs eruditissimi viri Jacobi Fabri Stapuleñ... 1527 (A la fin :) *Finis postillarum super evangelia de tempore : in quibus permulta que deerant restituta cognosces. S. l. n. d.* (1527), in-4 goth. à 2 col. de 12 ff. prél. non ch. et 182 ff. ch. nombr. vign. gr. sur bois, dérelié et ensuite couvert de papier de couleur.

Edition très rare de ces célèbres Commentaires de Le Fèvre d'Etaples.

138. Le Monde à l'empire et le Monde démoniacle, fait par dialogues, par Pierre Viret. L'Ordre et les titres des dialogues du monde à l'empire : 1. L'Empire des monarchies. 2. L'Empire de l'empire romain. 3. L'Empire des chrestiens. 4. L'Empire des républiques. Du Monde démoniacle : 1. Le Diable deschaîné. 2. Les Diables noirs. 3. Les Diables blancs 4. Les Diables familiers. 5. Les Lunatiques. 6. La Conjuration des Diables. *A Genève, par Jaques Brès*, 1561, pet. in-8, vélin moderne à recouvrements.

Edition originale, très rare, de cet écrit du plus populaire des réformateurs français.

La marge inférieure des 12 premiers feuillets est rongée mais sans atteindre le texte.

139. Instruction chrestienne en la doctrine de la loy et de l'Evangile, en la vraye philosophie et théologie tant naturelle que supernaturelle des chrestiens : et en la contemplation du temple et des images et œuvres de la providence de Dieu en tout l'univers, et en l'histoire de la création et cheute et réparation du genre humain. Le tout... par Pierre Viret. *Genève, Jean Rivery*, 1564, 2 tomes en 1 vol. in-fol. vélin.

Edition originale de ce recueil.

140. Petri Rami... Commentariorum de Religione Christiana, libri quatuor, nunquam antea editi. Ejusdem vita a Theophilo

Banosio descripta. *Francofurti, apud Andream Wechelum*, 1576, in-8, vélin.

Edition originale.

141. Confession de la foy chrestienne, faite par Theodore de Besze, contenant la confirmation d'icelle, et la réfutation des superstitions contraires. Quatrième édition, reveuë sur la latine et augmentée avec un abrégé d'icelle. *S. l.* (*Genève*), *Imprimé par Antoine Rebul, pour Jean Durand*. 1561, in-8, vélin.

Mouillures ; piqûre de ver.

142. Confession de la foy chrestienne, faicte par Théodore de Besze, contenant la confirmation d'icelle et la refutation des superstitions contraires. Quatrième édition, reveuë sur la latine, et augmentée : avec un abrégé d'icelle. *S. l.* 1562, in-8, vélin à recouvrements.

Edition très rare.

143. Confession de la foy chrestienne, faite par Theodore de Besze, contenant la confirmation d'icelle, et la réfutation des superstitions contraires. Reveuë sur la latine et augmentée avec un abrégé d'icelle. *A Genève, par Jaques du Pan*, 1563, pet in-8, demi-rel. vélin moderne avec coins.

Exemplaire réglé.
Tache sur quelques feuillets.

144. Confession de la foy chrestienne, faite par Théodore de Besze, contenant la confirmation d'icelle, et la réfutation des superstitions contraires. Reveuë sur la latine et augmentée, avec un abrégé d'icelle. *A Genève, par Jean Crespin*, 1564, in-16, v. f. moderne, dos orné, fil. dent. int. tr. dor.

145. Théodore de Bèze. Commentaires et interprétations de l'Ecriture Sainte. — Réunion de 7 vol de différents formats, reliés.

Novum Jesu Christi Testamentum latine. *Tiguri*, 1559. — In Canticum Canticorum Salomonis homiliæ. *S. l.* 1587. — Annotationes majores in Novum Dn. Nostri Jesu Christi Testamentum. *S. l.* 1594, 2 parties en 1 vol. — Mosaycarum et romanarum legum collatio. *S. l.* 1603. (Mouillure). — Novum Testamentum. *Genevæ*. 1616. — Le même ouvrage. *Amsterodami*, 1639. — Novi Testamenti libri historici, græci et latini. *Amstelædami*, 1662, front. gr.

146. Théodore de Bèze. Traités de Théologie. — Réunion de 8 vol. in-fol. in-8 et in-16, reliés.

Theodori Bezæ Vezelii, volumen Tractationum theologicarum in quibus pleraque christianæ religionis dogmata adversus hæreses nostri temporibus renovatas solide ex Verbo Dei defenduntur. *Anchora, Joannis Crispini*, 1570 (*Edition non citée par Haag*). — Le même ouvrage. Editio secunda ab ipso Auctore recognita. *S. l.* (*Genève Vignon*, 1582, 3 tomes en

1 vol. — Epistolarum theologicarum. *Genevæ*, 1575. — Ad repetitionem priman F. Claudij de Sainctes de rebus Eucharistiæ controversis. *Genevæ*, 1577. — De Prædestinationis doctrina et vero usu tractatio absolutissima. *Genevæ*, 1583. — Sermons (37) sur l'histoire de la mort et passion de Nostre Seigneur Jésus-Christ. *S. l. n. d.* (*et sans titre*). — Poemata juvenilia. *S. l. n. d.* (*Titre remonté*). — Poemata. *Lugduni, s. d.*

147. Tractatio de Polygamia, in qua et Ochini apostatæ pro polygamia et Montanistarum ac aliorum adversus repetitas nuptias argumenta refutantur... ex Theodori Bezæ Vezelij, prælectionibus in priorem ad Corinthios Epistolam. — Tractatio de Repudiis et divortiis : in qua pleræque de causis matrimonialibus (quas vocant) incidentes controversiæ ex verbo Dei deciduntur... ex Th. Bezæ Vezelii, prælectionibus in priorem ad Corinthios Epistolam. — *Genevæ, apud Johannem Vignon*, 1610. — Ens. 2 ouvrages en 1 vol. in-8, vélin à recouvrements.

148. Confessio fidei exhibita invictiss. Imp. Carolo X. Cæsari Aug. in comicijs Augustæ anno M.D.XXX. Addita est Apologia Confessionis diligenter recognita. (A la fin :) *Impressum Vitebergæ, per Georgium Rhau, M. D. XLII* (1542), 2 parties en 1 vol. in-8, car. ital. titres dans des encadrements et blason gr. sur bois au verso du dernier feuillet de la première partie, v. brun moderne, dos orné, fil. dent. int.

Une des premières éditions de la célèbre *Confession d'Augsbourg*. Bel exemplaire. — Noms manuscrits sur le premier titre.

149. Confession de foy, faicte d'un commun accord par les fideles qui conversent ès Pays Bas, lesquels desirent vivre selon la pureté de l'Evangile de Nostre Seigneur Jesus Christ (avec une remonstrãce aux magistrats, des Pays Bas, assavoir Flãdres, Braban, Hainault, Artois, Chastelnie de l'Isle et autres regions circonvoisines). *S. l.* 1561, pet. in-8, v. f. dos orné, fil. dent. int.

Réimpression textuellement faite par Jules-Guillaume Fick, à Genève, en 1855.

150. L'ORDRE || DES PRIÈRES || ET MINISTÈRE || ECCLÉSIASTIQUE, || avec || la forme de pénitence pub. & cer||taines prières de l'Eglise de || Londres, || et || la Confession de Foy de l'Eglise || de Glastonbury en || Somerset || ... *A Londres*, 1552, in-16, vélin moderne à recouvr.

Petit livre rarissime et non cité, publié par les soins de Valérand Poullain, pasteur de la colonie fondée à Glastonbury, par des Français et des Wallons réfugiés. — Il se compose de 4 ff. prél. non ch. et 50 ff. ch., plus 2 ff. non ch. intercalés entre les ff. 42 et 43. Mouillure dans la marge supérieure des derniers ff.

151. Petri Martyris Vermilii Locorum communium Theologicorum ex ipsius scriptis sincere decerptorum. Cum indice

quadrigemino : auctorum, titulorum, locorum scriptuæ, rerum denique et verborum. *Basileæ, ad Perneam Lecythum*, 1620-1622, 3 tomes en 2 vol. in-fol. vélin à recouvr. et peau de truie estampée.

Raccommodage à l'angle inférieur des premiers ff. du second volume.

152. Catechismus, in Kurtze Gesang verfasset, durch D. Nicolaum Selneccerum. *S. l.*, 1573, pet. in-8, goth. de 8 ff. non ch. blason sur le titre, cart. bradel, perc. blanche.

Mouillure.

153. Traitté du mal qui par la Simonie advient en la Chrestienté, par M. Pierre Viel, docteur en théologie de la Faculté de Paris. *A Paris, chez Nicolas Chesneau*, 1576, in-8, v. ant. marb. dos orné, fil. tr. dor.

Ouvrage très rare.
Petit raccommodage à la marge supérieure du titre.

154. Sebastiani Castellionis Dialogi IIII. De Prædestinatione, de Electione, de Libero arbitrio, de Fide. Ejusdem opuscula quædam lectu dignissima .. Omnia nunc primum in lucem data. *Aresdorffij, per Theophil. Philadelph.*, 1578.— Sebastiani Castellionis defensio. Ad Authorem libri, cui titulus est, Calumniæ Nebulonis. *S. l. n. d.* (A la fin :) *Scribebantur hæc anno* 1557, *mense Aprili.* — Ens. 2 parties en 1 vol. in-16, v. brun ant. fil. et milieu à froid.

Ces dialogues qui eurent le plus grand succès en France et à l'étranger, renferment sous cette forme, et en fort beau latin, une histoire abrégée de la Bible destinée à l'enfance.
Trou au premier plat de la reliure.

155. Sebastiani Castellionis Dialogi IV. De Prædestinatione. Electione. Libero arbitrio. Fide. Ejusdem opuscula quædam lectu dignissima. Quibus alia nonnulla accessere, partim hactenus nunquam edita... *Goudæ, typis Caspari Tournæi*, 1613, 4 parties en 1 vol. in-8, figure vélin.

Edition rare et qui, d'après David Clément, serait la plus complète.

156. Antithesis Christi et Antichristi videlicet Papæ, id est, exemplorum factorum, vitæ et doctrinæ utriusque, ex adverso collata comparatio, versibus et figuris venustissimis illustrata (auct. Simon Rosarius). Recens aucta et recognita. *Genevæ, apud Eustachium Vignon*, 1578, pet. in-8, fig. sur bois, vélin moderne.

Pamphlet calviniste contre le Pape et la Messe, illustré de 36 vignettes sur bois au trait, dont la plupart sont imitées du *Passional* de Lucas Cranach.
Petite piqûre de ver à l'angle supérieur des ff. ; tache aux derniers ff.

157. Antithèse des faicts de Jésus Christ et du Pape, mise en vers françois. Ensemble les traditions et décrets du Pape, opposez aux commandemens de Dieu. Item la description de la vraye image de l'Antechrist, avec la généalogie de la Nativité et le baptesme magnifique d'iceluy. Le tout augmenté et reveu de nouveau. *Imprimé à Rome, l'an du grand jubilé* (*Genève*), 1600, in-8, 36 fig. gr. sur bois, v. ant. marb. dos orné, fil. tr. r.

Traduction rare de ce livre singulier, ornée de 36 curieuses figures gr. sur bois, les mêmes que celles de l'édition de 1584.
Mouillures ; nom sur le titre.

158. Lambert Daneau : Physice christiana, sive christiana de rerum creatarum origine et usu disputatio. *Genevæ, Eustath. Vignon*, 1580, 2 parties en 1 vol. in-8, demi-rel. v. f. — Theses de Oratione dominica. *Lugduni Batavorum*, 1581, in-8, demi-rel. vélin. — Politicorum aphorismorum silva, ex optimis quibusq ; tum græcis tum latinis scriptoribus. *Mediolani* (1619), pet. in-12, vélin. — Ens. 3 vol.

159. De la Vérité de la Religion chrestienne, contre les Athées, Epicuriens, Payens, Juifs, Mahumedistes et autres infidèles, par Philippes de Mornay, sieur du Plessis Marly. *S. l.* (*Anvers*) *pour Antoine Chuppin*, 1582, in-8, mar. r. dos orné, fil. dent. int. tr. dor.

Seconde édition, très rare, de cet important ouvrage.
Les derniers ff. manquent ; le texte s'arrête à la page 882.

160. Actes de la Conférence tenue entre le sieur Evesque d'Evreux et le sieur du Plessis, en présence du Roy à Fontainebleau le 4 May 1600... avec la réfutation du faux discours de la mesme conférence, par Messire Jacques Davy, evesque d'Evreux... *A Evreux, chez Antoine Le Marié*, 1601, in-8, mar. r. jans. dent. int. tr. dor. (*Hardy*.)

Bel exemplaire de cet écrit du cardinal du Perron. — Léger raccommodage au premier et au dernier ff.

161. Response au livre publié par le sieur Evesque d'Evreux, sur la conférence tenue à Fontaine-Bleau, le quatriesme de May, 1600, par Philippe de Mornay, sieur du Plessis Marly. En laquelle sont incidemment traictées les principales matières controversées en ce temps, *A Saumur, par Thomas Portau*, 1602, in-4, v. f. moderne, dos orné, fil, à froid, dent. int,

Edition originale.
Tache sur le titre ; le dernier f. est remonté.

162. De l'Institution, usage et doctrine du sainct sacrement de l'Eucharistie en l'Eglise ancienne. Ensemble quand, comment et par quels degrez la messe s'est introduite en sa place.

Le tout en quatre livres, par Philippes de Mornay... reveu et augmenté par icelui ; et les passages des Autheurs employez en marge. Seconde édition. *A Saumur, par Thomas Portau,* 1604, in-fol. v. f. moderne, dos orné, fil. à froid.

Léger raccommodage à un f.

163. Advertissement aux Juifs sur la venue du Messie. Par Philippes de Mornay, seigneur du Plessis Marli. *Saumur, Thomas Portau,* 1607, in-4, v. f. moderne, dos orné, fil.

Edition originale de cet ouvrage fort rare, qui fut ensuite traduit en latin par son auteur.
Mouillure à quelques ff.

164. Le Mystère d'iniquité, c'est-à-dire l'Histoire de la Papauté par quels progrez elle est montée à ce comble, et quelles oppositions les gens de bien lui ont faict de temps en temps. Où sont aussi défendus les droicts des empereurs, rois et princes chrestiens, contre les assertions des cardinaux Bellarmin et Baronius, par Philippes de Mornay... *A Saumur, par Thomas Portau,* 1611, in-fol. vélin à recouvrements.

Edition originale de ce rare et curieux ouvrage.

165. Philippe Du Plessis-Mornay. Ouvrages divers. — Réunion de 7 vol. in-4, in-8 et in-12, reliés.

De la Vérité de la Religion chrestienne contre les athées, épicuriens, payens et autres infidèles. *Anvers,* 1582. — Le même ouvrage. *S. l. n. d.* (*et sans titre*). — De l'Institution, usage et doctrine du sainct Sacrement de l'Eucharistie en l'Eglise ancienne. *La Rochelle,* 1599 (*Raccommodage au titre*). — Traité de l'Eglise. *Genève,* 1599 — Discours et Méditations chrestiennes. *Saumur,* 1610-1612, 3 parties en 1 vol. — Mémoires contenans divers discours, instructions, lettres... depuis l'an 1572 jusques à l'an 1589. *S. l.* 1624. — Recueil des dernières heures de MM. Du Plessis, Gigord, Rivet, Du Moulin (par J.-J. Salchli). *Genève,* 1666.

166. Johannes Drusius. Traités de Théologie. — Réunion de 11 ouvrages en 4 vol. in-8 et in-4, reliés.

Miscellanea locutionum sacrarum. *Franekeræ,* 1586. — In Prophetam Hoseam (Amos et Jonam) lectiones. *Ex officina Plantiniana, apud C. Raphelengium, Academiae Lugduno-Bat. typographum,* 1590, 3 parties en 1 vol. — Annotationum in totum Jesu Christi Testamentum, sive prætoritorum libri decem. *Franekeræ,* 1612-1616, 3 parties en 1 vol. — Tetragrammaton. — Animadversionum libri duo. — Annotationes in Coheleth. — Historia Ruth. *Amstelodami,* 1632-1635, 4 ouvrages en 1 vol. précédés de : Vitæ, Operumque Joh. Drusii editorum et nondum editorum, delineatio et tituli, per Abelum Curiandrum. *Franekeræ,* 1616.

167. De Veritate humanæ naturæ Jesu Christi. Theologica et scholastica disputatio... auctore Antonio Sadeele. *S. l. excudebat Joan. Le Preux,* 1588, in-8, vélin.

168. Exercices de Combats de l'âme chrestienne, contre Satan, la chair et le monde. Livre consolatoire et instructif, nouvellement mis en françois par S. G. S. (Simon Goulart, Senlisien). *A Genève, Imprimerie de Jacob Stœr,* 1601. — Six

Paradoxes chrestiens, extraits des Homélies de Sainct Jean Chrysostome... plus un Traité de l'humilité prins de S. Basile... tourné en françois (par le même). *A Genève, Imprimé pour Jacob Stœr*, 1593. — Le Théâtre du monde, ou Discours des misères humaines. Avec un abbrégé de l'excellence et dignité de l'homme et plusieurs autres particularités remarquables (par P. Boaystuau, surnommé Launay). *A Lyon, chez Claude Chastellard*, 1622. — Ens. 3 ouvrages en 1 fort vol. in-16, vélin déboîté.

Ouvrages peu communs.

169. Traicté du Sacrement de la Saincte Cène du Seigneur... par Philippe de Marnix, seigneur du mont Ste Aldegonde. *A Saumur, par Thomas Portau*, 1602, in-12, vélin.

Ouvrage rare, dont l'auteur, né à Bruxelles en 1548, se rendit célèbre comme diplomate et comme théologien calviniste.

170. Danielis Chamieri Delphinatis, Panstratiæ catholicæ, sive controversiarum de Religione adversus Pontificios corpus, tomis quatuor distributum. *Genevæ, typis Roverianis*, 1626, 4 vol. in-fol. vélin, milieu estampé.

Cet ouvrage important, aussi singulier par les choses intéressantes et curieuses qu'il contient, que par son titre extraordinaire, fut entrepris par Chamier à la demande du Synode de la Rochelle. Celui de Vitré consacra une somme de 3.000 livres aux frais d'impression. C'est sans contredit le système de polémique le plus complet qui existe (Haag. *La France protestante.*)

Tache sur le titre du tome I et raccommodage à la marge inférieure des 6 premiers feuillets du même volume.

171. Daniel Chamier. Traités de controverse. — Réunion de 4 vol. in-fol. et in-8, reliés.

Dispute de la vocation des Ministres en l'Eglise réformée, contre Jaques Davy, dit Du Perron, evesque d'Evreux. *La Rochelle*, 1598. — De Œcumenico pontifice disputatio scholastica et theologica, libri VI. *Genevæ*, 1601. (*Raccommodage au titre ; trou au 2e f.*). — Actes de la Conférence tenue à Nîmes entre le R. P. Pierre Coton et M. Chamier commencée le 26 septembre 1600 et interrompue le 3 octobre du dict an. *Lyon*, 1601. — Corpus theologicum seu loci communes theologici. *Genevæ*, 1653.

172. Les Formes des Prières ecclésiastiques, avec la manière d'administrer les Sacremens, et célébrer le mariage et visitation des malades. Ensemble le Catéchisme, c'est à dire le formulaire d'instruire les enfans en la chrestienté, fait en manière de Dialogue... Item la Confession de foy des Eglises françoises. *S. l.* (*Genève*), *de l'Imprimerie de Jacob Stœr*, 1595, in-12, vélin moderne, titre calligraphié sur le dos.

Edition rare de cette célèbre liturgie.

173. The Picture of a Papist : or a Relation of the damnable heresies, detestable qualities, and diabolicall practises of sundrie heretikes in former ages, and of the Papistes in this age :

compiled in forme of a Dialogue, or conference betweene a Minister and a Recusant. *S. l. n. d.* (*fin du XVIe siècle*) (*sans titre*), in-8, 2 vign. gr. sur bois, v brun ant. dos orné, fil. dent. et comp. dor. et à froid, tr. dor.

Pamphlet de la plus grande rareté.
Exemplaire incomplet des 4 ff. prél. — Piqûre de ver dans la marge inférieure des premiers ff. ; petite cassure à un f.

174. Sermons de Pasteurs protestants des XVIe et XVIIe siècles (Charles, B. de Daillon, David Eustache, Raimond Gaches, Pierre Hesperien, Pierre Mussard, Isaac Sarrau, J. de Spina, etc.) — *Genève, Charenton, Saumur, La Rochelle, Bergerac*, 1564-1678. — Réunion de 7 opuscules et 7 vol. in-8 et in-12, reliés.

Quelques mouillures.

2. *Auteurs des XVIIe et XVIIIe siècles et Auteurs modernes*

175. Ouverture de tous les Secrets de l'Apocalypse, ou Révélation de S. Jean. En deux Traités, L'un recerchant et prouvant la vraye interpretation d'icelle : L'autre appliquant au texte ceste interprétation paraphrastiquement et historiquement. Par Jean Napeir (C. A. D.) Nompareil, sieur de Merchiston, reveue par lui-mesme, et mise en françois par Georges Thomson, Escossois. *A La Rochelle, par Timothée Jouan*, 1602, in-4, table des propositions pliée, vélin.

Très rare.
Le titre et les derniers ff. sont légèrement rongés par l'humidité.

176. Le Vray Bouclier de la foy chrestienne mis par Dialogues (par Barthelemi Causse), démonstrant par la Saincte Escriture les erreurs et les fausses allegations d'un livre intitulé : Le Bouclier de la foy, jadis faict par un Moine de S. Victor, à Paris, se disant le Bien-allant (le F. Nicole Grenier). Reveu et augmenté de nouveau. *A Saumur, par Thomas Portau*, 1603, fort vol. in 16, vélin.

Ouvrage peu commun.
Mouillure.

177. Jean Bansilion : L'Idolatrie papistique, opposée en response à l'Idolatrie huguenote de Louys Richeome, provincial des Jésuites. *Genève, Paul Marceau*, 1608. — Les Tableaux de la messe recueillis de la doctrine des plus célèbres docteurs de l'Eglise romaine, notamment de celle des Observantins Recollets. *Nismes, Jean Vaguenar*, 1620. — Le Trophée de la vérité recueilly des advantages que le Sr Evesque de Mont-

pellier se donne en la publication des actes de la conférence tenue en ladite ville, sous le nom de Deidier Langlois, chanoine. *Nismes*, 1625. — Ens. 3 ouvrages en 2 vol. in-8, cart. perc. blanche et vélin.

178. Apologie pour la Saincte Cène du Seigneur contre la présence corporelle, et transsubstantiation. Itē contre lès messes sans communians et contre la cōmunion sous une espèce, par Pierre Du Moulin... Deuxième édition, en laquelle est satisfait à toutes les accusations des adversaires. *A La Rochelle*, 1609, in-8, vélin.

On a ajouté : Propositions orthodoxes et analytiques, sur la Saincte Cène du Seigneur. P. M. I. H. D. *A La Rochelle, par Noël de la Croix* 1607, 29 ff.

Exemplaire de Jacques-Antoine Rabaut, dit *Pommier*, pasteur et membre de la Convention, avec le timbre de sa bibliothèque sur le titre.

179. De la Vocation des Pasteurs, par Pierre Du Moulin, Ministre de la parole de Dieu en l'Eglise de Paris. *A Sedan, Impr. de Jean Jannon*, 1618, in-8, vélin.

Edition originale, rare.
Mouillure.

180. P. Molinæ de Cognitione Dei tractatus. Traicté de la cognoissance de Dieu, par P. Du Moulin. *Hagæ-Comitis*, 1621, in-16 à 2 col. texte latin et traduction française en regard, titre-front, gr. mar. r. dos orné, large dent. et milieu dor. à petits fers, tr. dor. (*Rel. anc.*)

181. Accomplissement des Prophéties. Troisième partie du livre de la Défense de la Foy du Sérénissime Roy Jaques I, Roy de la Grand'Bretagne. Où est monstré que les Prophéties de S. Paul et de l'Apocalypse, et de Daniel touchant les combats de l'Eglise sont accomplies, par Pierre Du Moulin... Edition dernière, reveuë et augmentée par l'autheur. *A Sedan, par Jean Jannon, pour Abraham Pacard*, 1621, in-8, vélin à recouvrements.

Edition rare.

182. Petri Molinæi... Enodatio gravissimarum quæstionum de providentia Dei, statu innocentiæ, peccato originali, libero arbitrio, prædestinatione, perseverantia. Quā asseritur veritas, et excutitur sententia Pontificiorum et Arminianorum. His inserti sunt duo tractatus, unus de omniscientia Dei, alter de ejus imagine. *Lugduni Batavorum, ex officinā Elzeviriana*, 1632, in-8. mar. r. dos orné, fil. tr. dor. (*Rel. anc.*)

Edition originale, rare, de cet ouvrage de Pierre Du Moulin. (*Willems*, n° 372.)

183. Dialogues rustiques, d'un prestre de village, d'un berger, le censier et sa femme. Très utile pour ceux qui demeurent ès pays où ils n'ont le moyen d'estre instruicts par la prédication de la parole de Dieu. Par J. D. M. *A Genève, par Jean de Baptista*, 1649, 2 parties en 1 vol. pet. in-8, v. ant. granit.

Ouvrage attribué à Pierre Du Moulin.

184. Dialogues rustiques d'un Prestre de village, d'un berger, d'un censier et de sa femme. Très utiles pour ceux qui demeurent ès païs où ils n'ont le moyen d'estre instruits par la prédication de la Parole de Dieu. Onzième édition, reveuë, corrigée et augmentée. *A Genève, par Philippe Albert*, 1682, 2 parties en 1 vol. in-12, vélin.

Ouvrage attribué à Pierre Du Moulin.

185. Héraclite, ou de la Vanité et misère de la vie humaine. Plus un autre Traicté intitulé Théophile, ou de l'Amour divin, contenant cinq degrez, cinq marques, cinq aides de l'amour de Dieu. Dernière édition reveuë, corrigée et augmentée par l'Autheur (Pierre Du Moulin). *A Genève pour Pierre Chouët*, 1660, 2 parties en 1 vol. pet. in-8, demi-rel. v. f. dos orné.

186. Pierre Du Moulin. Ouvrages de controverse. — *Genève, Sedan et Bruxelles*, 1602-1656. — Réunion de 47 ouvrages en 17 opuscules et 26 vol. in-4 et in-8, en demi-rel. ou en v. ant. et vélin.

187. Pierre Du Moulin. Ouvrages de Théologie. — *Genève, Charenton, Sedan, Amsterdam*, etc., 1609-1680. — Réunion de 22 vol. in-4 et in-8, reliés en v. ou vélin.

188. Pierre Du Moulin. Sermons. — *Genève et Sedan*, 1624-1671. — Réunion de 14 ouvrages en 6 vol. in-8, dont 2 en demi-rel. ou br. et 4 en v. ant. et vélin.

189. Gilbert Primerose. Traités de Théologie. — Réunion de 3 vol. in-8, reliés, dont 1 déboîté.

La Trompette de Sion, ou Exhortation à repentance et à jusne. *Bergerac, Vernoy*, 1610 *(Déchirure au titre ; mouillures)*. — La Trompette de Sion, ou la Repréhension des péchés, avec une exhortation à repentance, jeûne, prières et bonnes œuvres. *Bergerac, Vernoy*, 1621 *(Les deux premiers feuillets ont été soigneusement refaits à la main)*. — Six Sermons de la réconciliation de l'homme avec Dieu. *Sedan*, 1624.

190. Théâtre de l'Antechrist auquel est respondu au Cardinal Bellarmin, au sieur de Remond, à Pererius, Ribera, Viegas, Sanderus et autres, qui, par leurs escrits, condamnent la doctrine des Eglises Réformées sur ce subjet, par Nicolas Vi-

gnier. *S. l.* 1610, in-fol. titre-front. gr. fig. et lettres ornées, vélin.

Edition originale de cet ouvrage dont le roi ordonna la suppression et qui est devenu fort rare.
Timbres de bibliothèque ; petites piqûres de vers.

191. La Chasse de la Beste romaine, où est refuté le XXIII, chap. du catechisme et abrégé des controverses de nostre temps touchant la Religion catholique, imprimé à Fontenay-le-Comte en l'an 1607. Et est recerché et évidemment prouvé que le Pape est l'Antichrist, par George Thomson, Pasteur de l'Eglise réformée de la Chastegneraye. *La Rochelle, par les héritiers de H. Haultin*, 1611, fort vol. in-8, titre-front. gr. vélin.

Edition originale, rare et recherchée.
Le titre est coupé au cadre et remonté ; raccommodage au 1er f.; petites taches.

192. La Chasse de la Beste romaine, où est réfuté le XXIII chap. du Catéchisme et abrégé des controverses de nostre temps touchant la Religion catholique, imprimé à Fontenay Le Comte en l'an M. DC. VII. Et est recerché et évidemment prouvé que le Pape est l'Antichrist. Par George Thomson, Pasteur de l'Eglise réformée de la Chastegneraye. *A La Rochelle, par Philippe Albert*, 1612, in-8, v. ant. écaille, dos orné, fil.

193. La Desroute de la Chasse du Loup cervier, ou réfutation du Traicté du jeusne, fait par maistre René le Corvaisier, soi disant théologien de la Faculté de Paris, contre quelques passages par lui attaqués en la Chasse de la Beste Romaine, par George Thomson, pasteur de l'Eglise réformée de la Chastegneraye. *A la Rochelle, par les héritiers de Hierosme Haultin*, 1612, pet. in-8, vélin.

Très rare.

194. Corpus et syntagma Confessionum fidei quæ in diversis regnis et nationibus, Ecclesiarum nomine fuerunt authenticè editæ : in celeberrimis Conventibus exhibitæ, publicaque auctoritate comprobatæ... *Genevæ, apud Petrum et Jacobum Chouët*, 1612, 3 parties en 1 vol. in-4, vélin à recouvrements.

Mouillure.

195. Traicté auquel sont examinez les préjugez de ceux de l'Eglise romaine, contre la Religion réformée, par J. Cameron, Ministre de l'Eglise de Bourdeaux. *A la Rochelle, par Jean Hébert*, 1617, in-8, vélin, fil. tr. dor.

Edition originale.
Bel exemplaire.

196. Le Dernier désespoir de la tradition contre l'Escriture. Où est amplement refuté le livre du P. François Veron jésuite, par lequel il prétend enseigner à toute personne, quoyque non versée en théologie, un bref et facile moyen de rejeter la Parole de Dieu, et convaincre les Eglises reformées d'erreur et d'abus en tous et un chacun poinct de leur doctrine. Par Paul Ferry, Ministre de la Parole de Dieu en l'Eglise de Mets. *A Sedan, Imprimerie de Jean Jannon,* 1618, in-8, v. f. moderne, dos orné, fil.

Ouvrage fort rare.
Les quatre derniers ff. de la table sont manuscrits.

197. Défense de la fidelité des traductions de la S. Bible, faites à Genève, opposée au livre de Pierre Coton jésuite, intitulé : Genève plagiaire, par Benedict Turrettin, pasteur et professeur en l'Eglise et eschole de Genève. *A Genève, pour Pierre et Jaques Chouët,* 1619, 2 parties en 1 vol. in-4, vélin.

198. Trois Sermons sur ces mots de S. Paul en la première aux Thessaloniciens chapitre 5, vers. 9 : N'esteignez point l'Esprit, par Samuel Durant, Ministre de la parole de Dieu en l'Eglise de Paris. *A Sedan, par Jean Jannon,* 1623, in-12, vélin.

Edition originale.

199. Rare et parfait exemple de constance et consolation en la mort, recueilly des dernières paroles de H. V. E. S. D. M., par Jaques Himbert Durant, M. D. S. E. *Charenton, par N. Bourdin,* 1627, in-16, vélin.

Petit livre très rare, non cité par Haag, dont l'auteur, pasteur à Orléans, présida de nombreux Synodes provinciaux.

200. Remèdes contre le mal-reiglé Mespris, l'Oubliance et la trop grande Appréhension de la Mort; cueillis au Jardin de Vie (par L. Trelcat, F. Lansbergue, D. Toussaint, G. Perkins, Joseph Hall, Samuel Chrestien, J. Gérard et autres). Troisiesme édition, augmentée de plusieurs Traitez. *Genève, pour Pierre et Jacques Chouët,* 1624, in-8, vélin.

Petite piqûre de ver dans la marge inférieure des premiers ff.

201. Augustini Marlorati... Thesaurus Sacræ Scripturæ propheticæ et apostolicæ, in locos communes rerum dogmatum, suis exemplis illustratorum et phraseon Scripturæ familiarum, ordine alphabetico digestus. Novissima editio, emendatior prioribus omnibus locupletior, et tertia parte auctior. *Genevæ, apud Petrum et Jacobum Choüet,* 1624, in-fol. à 2 col. portr. sur le titre, bas. brune ant.

Mouillure.

202. Le Hibou des Jésuites (par Jean Mestrezat) *S. l.* 1624, in-8 de 30 pp. cart. perc. blanche, titre calligraphié sur le dos.

Édition originale, très rare, du premier ouvrage de Mestrezat.

203. De la Communion à Jésus-Christ au sacrement de l'Eucharistie. Contre les cardinaux Bellarmin et Du Perron, par Jean Mestrezat. *Sedan, Jean Jannon,* 1624, in-8 de 8 ff. prél. et 545 pp. bas. ant. fatiguée.

Édition originale, rare.
Mouillures ; piqûre de ver en marge de quelques ff.

204. De la Communion à Jésus-Christ au sacrement de l'Eucharistie. Contre les cardinaux Bellarmin et du Perron, par Jean Mestrezat. Seconde édition, reveuë et augmentée par l'Autheur. *A Sedan, par Jean Janon,* 1625, in-8, vélin.

Mouillures.

205. Jean Mestrezat, Traités de Théologie. — Réunion de 4 vol. in-4, in-8 et in-12, reliés.

La Pasque chrestienne. *Charenton, Petit,* 1632. — Traicté de l'Escripture saincte, où est monstrée la certitude et la plénitude de la foy et son indépendance de l'authorité de l'Eglise. *Genève Chouët,* 1633. *(Mouillure).* — Traité de l'Eglise. *Genève, Chouët,* 1649 *(Mouillure),* — Actes d'une Conférence tenue au sujet d'une Dame, en l'année 1624 entre Monsieur Mestrezat, et le P. Veron. *Charenton, Vendôme,* 1655.

206. Jean Mestrezat. Sermons. — *Amsterdam, Charenton et Genève,* 1633-1703. — Réunion de 6 opuscules et 8 vol. in-8 et in-12, reliés.

Taches de rousseur sur quelques volumes.

207. Edme Aubertin : Conformité de la créance de l'Eglise et de S. Augustin, sur le sacrement de l'Eucharistie, opposée à la réfutation des cardinaux Du Perron Bellarmin et autres. *S. l.* 1626, in-8, vélin *(Edition originale).* — L'Eucharistie de l'ancienne Eglise, ou Traité auquel il est monstré quelle a esté durant les six premiers siècles depuis l'institution de l'Eucharistie, la créance de l'Eglise touchant ce sacrement... avec response à tout ce que les cardinaux Bellarmin, Du Perron et autres adversaires de l'Eglise ont allegué sur ceste matière. *Genève, chez Pierre Aubert,* 1633, in-fol. demi-rel. v. f. dos orné. — Ens. 2 vol.

208. Charles Drelincourt. Ouvrages de polémique. — *Genève, Charenton et Rotterdam,* 1627-1719. — Réunion de 17 ouvrages en 13 vol. in-4, in-8 et in-12, vélin.

209. Charles Drelincourt. Ouvrages de Théologie. — *Genève, Charenton, Amsterdam, Montauban et Lausanne,* 1649-1811. — Réunion de 26 vol. in-4, in-8 et in-12, dont 3 br. et 23 reliés.

210. Samuelis Bocharti Opera omnia. Hoc est Phaleg, Canaan et Hierozoicon... Editio tertia in qua locupletanda, exornanda et corrigenda, singulare studien posuerunt Joh. Leusden... et Petrus de Villemandy. . *Lugduni Batavorum, apud Cornelium Boutesteyn*, 1692, 3 parties en 2 vol. in-fol. à 2 col. front. portr. pl. et cartes gr. vélin, fil. et milieu estampés.

211. La Morale chrestienne. Par Moyse Amyraut. *Saumur*, 1652-1660, 6 vol. in-8, bas. brune ant.

Édition originale.
Cet ouvrage est dû aux conversations d'Amyraut avec Villarnoul, le petit-fils de Duplessis-Mornay. Il se divise en 4 parties, formant 6 vol.

212. Discours Chrestiens sur les eaux de Bourbon, prononcé au mesme lieu après la lecture du chap. 7. de S. Jean, le 22 septembre 1658, par Moyse Amyraut. *Se vend à Charenton, par Anthoine Cellier*, 1658, in-8 de 48 pp. cart. perc. blanche.

Très rare et non cité par Haag.

213. Moyse Amyraut. Traités de controverse et Sermons. — Réunion de 3 opuscules et 6 vol. in-4 et in-8, reliés.

Lettre du Synode national des Eglises réformées de France présentée au Roy. Ensemble la harangue faite à Sa Majesté à Compiègne le 16 septembre 1631 par les sieurs Amyraut et de Vilars. *S. l.* 1631. — Défense de la Doctrine de Calvin. *Saumur*, 1644 (*Annotations manuscrites sur le titre et sur les marges. Mouillure*). — Six Livres de la vocation des pasteurs. *Saumur*, 1649 (*Léger raccommodage au titre; piqûres de vers*). — Traité des Religions contre ceux qui les estiment toutes indifférentes. *Saumur*, 1652 (*Nom manuscrit sur le titre*). — Paraphrase sur les Actes des Saints Apostres. *Saumur*, 1654, 2 vol. (*Les titres manquent*). — Sermon prononcé à Nyort le Synode y tenant, le dernier d'Aoust 1656. — *Saumur*, 1656. — Sermon prononcé à Charenton. *Charenton*, 1659. — Etc.

214. Michel Le Faucheur. Sermons. — *Charenton et Genève*, 1632-1666. — Réunion de 6 vol. in-8 et in-12, reliés.

Mouillures et piqûres de vers sur 3 volumes.

215. Jean Daillé. Ouvrages de Théologie. — *Genève, Charenton, Amsterdam et Leyde*, 1632-1677. — Réunion de 19 vol. in-4 et in-8, reliés en v. ou vélin.

216. Jean Daillé. Sermons. — *Genève, Charenton, Saumur et Amsterdam*, 1649-1701. — Réunion de 25 vol. in-8, reliés en v. chag. ou vélin.

217. Le Rabat-joye du *Triomphe monacal*, tiré de quelques lettres, recueillies par P. D. P. D. S. Hilaire. *A l'Isle*, 1634, in-8, mar. r. jans. dent. int. tr. dor. (*Hardy*.)

Satire amusante contre les moines mendiants.

218. E. et F. de Spanheim. Ouvrages divers. — Réunion de 9 vol. in-fol. in-8 et in-12, reliés.

Le Mercure Suisse. *Paris*, 1634. — Le Throne de grace, ou Sermon fait à Charenton le 7 septembre 1642. *Leiden*, 1644. — Chamierus contractus,

sive Panstratiæ catholicæ Danielis Chamieri theologi summi epitome... Opera Fr. Spanhemii. *Genevæ*, 1645. — Discours sur la Croix de Nostre Seigneur. *Genève*, 1655.— Introductio ad historiam et antiquitates sacras. *Lugduni Batavorum, Severini*, 1675 (*Griffonnages sur le titre*). — Discours sur la Crèche de N. Seigneur. *Berlin*, 1695. — Histoire de la Papesse Jeanne. *Cologne*, 1695, front. gr. — Le même ouvrage. Nouvelle édition, augmentée et ornée de figures. *La Haye*, 1758, 2 vol. 5 pl. gr.

219. Le Racourcissement des jours, ou Examen si en cest aage accourci, nos jours peuvent estre allongés et accourcis : ou sont du tout déterminés. Item, la Constante Departie, et le Bon-heur filial, par Jérémie de Pours, ministre de la parole de Dieu à Middelbourgh. *Amsterdam, Jacques Keins*, 1638, 3 parties en 1 vol. in-4, bas. ant. marb.

220. David Blondel : Pseudo-Isidorus et Turrianus Vapulantes... *Genevæ Chouët*, 1628, in-4, bas. ant. — De la Primauté en l'Eglise... *Genève, Chouët*, 1641, in-fol. vélin. — Ens. 2 vol.

Mouillures.

221. Apologia pro sententia Hieronymi de episcopis et presbyteris, autore Davide Blondello. *Amstelædami, apud Joannem Blaeu*, 1646, in-4, tableau plié, mar. r. à long grain, dos orné, fil.

Exemplaire aux armes du Marquis de Morante.

222. Le Proselyte évangélique. Livre auquel le vray Christianisme est très-clairement démonstré par la Parole de Dieu, contre la tradition des hommes, par Gilles Gaillard, escuyer d'Aix, habitant à Orange. Le tout divisé en deux parties. Seconde édition, reveuë et augmentée par l'autheur. *A Genève, chez Pierre Chouët*, 1642, in-8, vélin moderne à recouvr. titre calligraphié sur le dos.

Titre remonté ; raccommodage enlevant du texte au premier f. de la dédicace.

223. Ouverture des Secrets de l'Apocalypse de Sainct Jean contenant trois parties : La première desquelles concerne les Eglises particulières, la seconde l'Eglise catholique militante, la troisième l'Eglise triomphante, par Sis Organon Jesu (Joannes Grossius). *A Genève, par Jacques Fontaine*, 1642, in-4, tableau plié, demi-rel. vélin moderne.

Piqûres d'humidité.

224. Andreæ Riveti... Operum theologicorum quæ latinè edidit. *Roterodami, ex officina typographica Arnoldi Leers*, 1651-1660, 3 vol. in-fol. à 2 col. vélin, milieu estampé.

225. Andreæ Riveti Apologeticus, pro suo de veræ et sinceræ pacis Ecclesiæ proposito. Contra Hugonis Grotii votum, et id genus conciliatorum artes, pro fucata et fallaci pace ecclesias-

tica. — Hugonis Grotii votum pro pace ecclesiastica, contra examen Andreæ Riveti et alios irreconcialiabiles. — *Lugd. Batavor. ex officina Elseviriana*, 1643 (pour le premier volume) et *S. l.* 1642 (pour le second). — Ens. 2 vol. in-8, v. f. ant. dos orné, tr. r.

Exemplaire aux armes de Léonor d'ESTAMPES DE VALENÇAY, archevêque de Reims.

226. Francisci Gomari Brugensis viri clariss. Opera theologica omnia, maximam partem posthuma ; suprema autoris voluntate à discipulis edita... *Amstelodami, ex officina Joannis Janssonii*, 1644, 3 parties en 1 vol, in-fol. vélin.

227. La Voye esgarée faisant fourvoyer les esprits foibles et vacillans ès dangereux sentiers d'erreur, par des apparences colorées d'Escritures apocryphes, de traditions non escrites, de Pères douteux, de Conciles ambigus, et d'une prétenduë Eglise catholique descouverte par Messire Humfrey Lynde, chevalier anglois, et traduite en françois par J. de la Montagne. Seconde édition. — La Voye seure, conduisant un chacun Chrestien, par les tesmoignages et confessions de nos plus doctes adversaires, à la vraye et ancienne foy catholique, dont on fait maintenant profession en l'Eglise d'Angleterre et autres Eglises réformées. Traduite de l'anglois de Messire Humfrey Lynde, par I. de la Montagne... — *Se vend à Charenton, par Louys Vendosme*, 1646. — Ens. 2 ouvrages en 1 vol. in-8, demi-rel. mar. brun.

Raccommodage au dernier f. du premier ouvrage.

228. La Grande Conférence et combat, arrivé en la Cène de Charenton, au jour de Noël 1650, entre un Luthérien et un Calviniste, sur le sujet de l'union qu'ils ont fait avec les Luthériens. *A Paris*, 1651, in-4 de 28 pp. demi-rel. vélin moderne avec coins, titre calligraphié sur le dos.

229. Les Dernières Paroles de feu Monsieur Gigord, pasteur en l'Eglise réformée de Montpelier, recueillies par Pierre Prunet, estudiant en théologie. Seconde édition. *S. l.* 1650, in-12, vélin.

230. La Vérité de la Religion réformée, ou l'esclaircissement et la preuve de la Confession de foy des Eglises réformées, par les témoignages de la S. Escriture, par J de Croï. Seconde édition, reveuë et de beaucoup augmentée par l'Autheur. *A Genève, pour Samuel Chouët*, 1650, in-8, vélin.

La meilleure édition de cet ouvrage que l'auteur, successivement pasteur à Florensac, à Béziers et à Uzès, eut la singulière idée de dédier à Jésus-Christ.

Légère mouillure.

231. Jean de Labadie ; Première Apologie pour Monsieur de Labadie, et pour la justice de sa déclaration contre la nouvelle Eglise romaine... *S. l.*, 1651 (*Incomplet des pages 15 et 16 et de la fin*). — Seconde partie de la déclaration de Jean de Labadie touchant les raisons de sa juste séparation de la Nouvelle Eglise romaine, et de sa juste union à l'Eglise réformée.., *Montauban*, 1652. (*Mouillure ; piqûres de vers*). — Manuel de piété. *Middelbourg*, 1668. — Traité du Soi et des diverses sortes de soi ou le renoncement à soi-même. *Herford*, 1672.— Ens. 4 ouvrages en 3 vol. in-8 et in-12, reliés.

Jean de Labadie, successivement jésuite, chanoine, ermite, prédicateur, directeur spirituel de religieuses, après avoir soutenu avec chaleur la vérité du catholicisme, embrassa le calvinisme et fut pasteur à l'église de Montauban, puis en Hollande. Mais il se révolta contre les synodes, et fut déposé par celui de Leyde en 1667 ; il continua néanmoins à exercer ses fonctions, fonda une église où son mysticisme, son éloquence et l'austérité de sa vie lui attirèrent un grand nombre de partisans. Il mourut en 1674.

232. Le Bon Usage de l'Eucharistie, ou la vraye et sainte pratique du Mistere et du Sacrement de la Cène de J. C. N. S. avec la vraye manière de s'y bien préparer pour en profiter... par Jean de Labadie, pasteur. *A Montauban, par Pierre Bertié*, 1656, in-8, vélin.

Edition originale.
Mouillure ; piqûres de vers.

233. La Malette de David, où sont contenues trente-deux excellentes prières, pour servir au chrestien, comme autant de pierres polies, tirées du clair ruisseau de l'Escriture, pour atterrer Goliath et tous ses autres ennemis. Recueillies des œuvres du sieur Featley et mises en françois par G. Herbert. *A Montauban, pour P. Braconnier*, 1660, in-32, vélin.

Petit livre curieux et rare.

234. La Malette de David, où sont contenuës XXXII excellentes prières, pour servir au chrétien, comme autant de pierres polies, tirées du clair ruisseau de l'Ecriture, pour aterrer Goliath et tous ses autres ennemis. Recueillies des œuvres du Sr Featlex et mises en françois par G. Herbert *A Genève, chez Pierre Jaquier*, 1717. — L'Art de bien vivre et de bien mourir... Douzième édition, reveuë, corrigée et augmentée de plusieurs versets de psaumes de la nouvelle version, pour la consolation des malades et des mourans. *A Genève, chez Antoine Querel*, 1718. — La Chaine d'or, pour enlever les âmes de la terre au ciel, ou considérations importantes sur les quatre fins de l'homme... traduit de l'anglois du docteur J. Stevens et augmenté de plusieurs réflexions salutaires. *A Genève chez Pierre Jaquier*, 1723. -- Ens. 3 ouvrages en 1 vol. in-12, vélin.

Intéressant recueil de ces curieux ouvrages.

235. Les Estoiles du Ciel de L'Église, ou Sermon sur ces paroles de Saint Jean, en l'Apocalipse chapitre I. vers. 16, *Et il avoit en sa main droite sept estoiles*, prononcé à Quevilly le dimanche 10 de juin 1663 en la présence du Synode tenu à Roüen, par Pierre Du Bosc. *A Genève, par Jean Antoine et Samuel de Tournes*, 1663, in-8 de 80 pp. v. f. moderne, dos orné, fil. dent. int.

236. Sermons sur divers textes de l'Ecriture Sainte, par Pierre Du Bosc. Seconde édition. *Rotterdam, chez Reinier Leers*, 1692-1710, 2 vol. in-8, mar. olive jans. dent. int. tr. r. (*Kaufmann.*)

237. Jean Claude. Sermons et Traités de controverse. — *Charenton, La Haye, Londres, Amsterdam, Rotterdam et Montauban*, 1666-1821. — Réunion de 3 opuscules brochés et 23 vol. in-4, in-8 et in-12, reliés.

238. La Défense de la Réformation contre le livre (de Nicole) intitulé : Préjugez légitimes contre les Calvinistes (par Claude). *Quevilly, Jean Lucas*, 1673, in-4 de 4 ff. prél. 382 pp. bas. ant. un peu fatig.

Edition originale.

L'un des livres où la légitimité de la cause protestante est défendue avec le plus de force et de dignité.

239. Le Tabernacle de Dieu sous la nuée, ou l'Exercice de la Religion sous la protection des Edicts (par Jean de Brissac, sieur des Loges, ministre à Loudun). *A Saumur*, 1666, in-4, demi-rel. v. f. dos orné.

240. A, B, C, des Chrétiens. Mon enfant aprend doctrine dès ta jeunesse et tu trouveras sagesse qui te durera jusques à ce que tu ayes les cheveux blancs. *Quevilly, par Pierre Cailloüé, s. d. (vers* 1670), pet. in-8 de 24 ff. non ch. titre dans un encadrement, demi-rel. v. olive, dos orné.

Opuscule très rare renfermant un Alphabet suivi d'un Catéchisme et du *Miroir de la jeunesse*, recueil de préceptes *en vers*.

241. Traité de la Dévotion (par Pierre Jurieu). Troisième édition, reveuë, corrigée et augmentée de nouveau par l'auteur. *Se vend à Quevilly, par Jean Lucas*, 1676, in 12, v. ant. granit, tr. r.

Cet ouvrage eut un grand succès ; on en a donné, de 1674 à 1726, 22 éditions successivement augmentées, et il en a été traduit en anglais par Fleetwood, archevêque de S.-Asaph.

Pierre Jurieu naquit à Mer, en 1637 ; destiné dès sa plus tendre enfance à la carrière ecclésiastique, il fit ses études en théologie qu'il couronna en 1658 par une thèse *De vitâ Dei*. Il en soutint avec honneur plusieurs autres, qui lui valurent les titres de docteur et de professeur en théologie, auxquels vint bientôt se joindre celui de pasteur.

Ce fécond écrivain, qui « mit moins de temps à écrire ses livres que les Réformés à les lire », mourut en 1713.

242. Traité de la Dévotion, avec des briéves méditations et prières pour la pratique d'icelle (par Pierre Jurieu). *Se vend à Quévilly, par Jean Lucas*, 1677, in-12, vélin.

Légère piqûre de ver en marge de quelques ff.

243. Préservatif contre le changement de Religion, ou Idée juste et véritable de la Religion catholique romaine, opposée aux portraits flattés que l'on en fait, et particulièrement à celuy de Monsieur de Condom. Seconde édition, augmentée par l'auteur (Pierre Jurieu). *S. l.* (*Rouen*), 1681, in-12, v. brun ant. tr. r.

Traité répondant à l'*Exposition de la foi catholique*, par Bossuet. « C'est le plus solide et le plus beau des livres qui furent alors écrits sur cette dispute. » Benoît.

244. Lettres pastorales adressées aux fidèles persécutés de France (qui gémissent sous la captivité de Babylon, par Pierre Jurieu) *A Rotterdam, chez Abraham Acker*, 1688, 2 parties en 1 vol. in-4 à 2 col. demi-rel. vélin avec coins.

Seconde et troisième années.
On a relié à la suite : Relation curieuse et véritable d'une jeune bergère de Dauphiné. *Amsterdam, s. d.* 4 pp.

245. Pierre Jurieu. Traités de controverse. — Réunion de 24 vol. in-4, in-8 et in-12, reliés.

Les Devoirs de la persévérance. *Charenton*, 1677. — Les Derniers efforts de l'innocence affligée. *La Haye*, 1682. — Examen de l'Eucharistie de l'Eglise romaine. *Rotterdam*, 1682. — Abrégé de l'Histoire du Concile de Trente. *Amsterdam*, 1683, 2 vol. — Réflexions sur la cruelle persécution que souffre l'Eglise réformée de France. *S. l.* 1686, 2 parties en 1 vol. — Le Vray système de l'Eglise et la véritable analyse de la foy. *Dordrecht*, 1686. — L'Accomplissement des prophéties, ou la Délivrance prochaine de l'Eglise (avec la Suite). *Rotterdam*, 1686-1687, 3 parties en 2 vol. (*Trou au titre de la 1re partie*). — Le Tableau du Socinianisme. Première partie (*seule parue*). *La Haye*, 1690. — Histoire critique des Dogmes et des Cultes avec le Supplément. *Amsterdam*, 1704, front. gr. — Histoire du Calvinisme et celle du papisme mises en parallèle. Seconde édition. *S. l.* 1823, 4 vol. — Etc.

246. Jacques Abbadie. Traités de Théologie. — Réunion de 9 vol. in-8 et in-12, reliés.

Traité de la vérité de la Religion chrétienne. *Rotterdam*, 1684, 2 vol. — Traité de la Divinité de Nôtre Seigneur Jésus-Christ. *Rotterdam*, 1690. — Les Caractères du Chrestien et du christianisme marqués dans trois sermons. *La Haye*, 1695. — Le Triomphe de la Providence et de la Religion, ou l'ouverture des sept Seaux par le Fils de Dieu. *Amsterdam*, 1723, 4 vol. — L'Art de se connoître soi-même. *Rotterdam*, *s. d.* 2 parties en 1 vol.
Quelques mouillures.

247. Le Monde naissant, ou la Création du Monde démonstrée par des principes très simples et très conformes à l'histoire de Moyse (par Théodore Barin, pasteur réfugié en Hollande). *A*

Utrect, par la Compagnie des Libraires (à la Sphère), 1686, in-12, 8 pl. gr. et pliées, bas. ant. granit.

248. Opuscules posthumes de Mr Menjot, conseiller et médecin ordinaire du Roy à Paris. Contenant des discours et des lettres sur divers sujets, tant de physique et de médecine, que de religion. *Amsterdam, chez Henri Desbordes*, 1697, in-4, bas. ant.

Parmi les plus curieux de ces opuscules, que Menjot ne destinait pas à l'impression, nous citerons celui de l'*Election des Pasteurs* et celui du *Formulaire d'abjuration*, qui est une des critiques les plus ingénieuses de l'*Exposition* de Bossuet.

249. La Sainteté des Elus. Sermon sur ces paroles. *Pseau. 15, v. 1 et 2* (par Claude Brousson). — In-4 de 13 pp. demi-rel. mar. r. à long grain.

Manuscrit original autographe de CLAUDE BROUSSON, l'un des plus célèbres pasteurs du XVIIe siècle, né à Nîmes, en 1647, mort martyr à Montpellier, en 1698.

250. Auteurs protestants du XVIIe siècle en *impressions Rouennaises*. — Réunion de 11 vol. in-12, in-8 et in-4, reliés en v. bas. ant. ou vélin.

La Pratique de piété, par M. Louys Bayle, traduite par J. Vernuilh. *Quevilly, Berthelin*, 1637. — Vingt Sermons, par E. Marmet. *Quevilly, Cailloüé*, 1637. — Eclaircissements familiers de la controverse de l'Eucharistie, par David Blondel. *Quevilly, Cailloüé*, 1641. — Histoire de la naissance, progrez et décadence de l'hérésie, par Florimond de Ræmond. *Rouen, Vaultier*, 1648. — La Philosophie, par Pierre Du Moulin. *Rouen, Berthelin*, 1655, 3 parties en 1 vol. — Réponse au livre de M. Arnaud intitulé la Perpétuité de la foy (par Jean Claude). *Quevilly, Lucas*, 1671, 2 vol. — Traité des anciennes Cérémonies (par J. Porrée). *Quevilly, Lucas*, 1673. — Considérations sur la nature de l'Eglise (par Mathieu Larroque). *Quevilly, Lucas*, 1673. — Réponse à la Méthode de M, le Cardinal de Richelieu (par M. Martel). *Quevilly, Lucas*, 1674. — Conformité de la Discipline ecclesiastique des Protestans de France avec celle des anciens Chrétiens (par M. Larroque). *Quevilly, Cailloué*, 1678.

Quelques mouillures.

251. Sermons prononcés par des pasteurs des XVIIe et XVIIIe siècles. — Réunion de 12 sermons en 3 vol. in-4 et pet in-4, cart. et demi-rel. mar. brun.

Manuscrits des XVIIe et XVIIIe siècles, dont voici quelques titres : *Sermon et Liturgie du Désert*; 25 ff. — *Sermon de M. Jean Alphonse Turretin sur* 2 Cor. 3. 18. ; 34 pp. — *Sermon de jeûne sur le Psaume 51* ; 25 ff. — *Sermon sur* Ps. XIX, 1-7, *par M. Du Frêne de Vevey* ; 14 ff. — Etc., etc.

252. Sentimens désintéressez de divers Théologiens protestans, sur les agitations, et sur les autres particularitez de l'état des Prophètes. *A Londres, chez Robert Roger*, 1710, pet. in-8, demi-rel. mar. lilas.

253. Confessione di Fede recitata davanti l'illustrissima, e reverendissima congregatione per li proseliti da Gio. Antonio Novelli detto Pazzaglia, a di 10 Maggio. *In Zurigo, David*

Guesnero, 1710, 4 ff. prél. non ch. et 38 pp. à 2 col. texte en italien et en allemand. — Formule d'abjuration, pour ceux qui ont quitté les erreurs de l'Eglise romaine, pour embrasser la vérité de l'Evangile qu'on professe dans les Eglises réformées... usitée dans l'Eglise réformée de Zurich en Suisse, composée par ordre de Messieurs les directeurs de la chambre des prosélites, en françois, alleman, italien et latin, par Jean Henry Ulrich, ministre de la parole de Dieu, dans l'Eglise de Fraumünster à Zurich, 1713. *Zurich, Christoff Hardmeyer*, 1713, 19 pp. — Ens. 2 pièces en 1 vol. in-4, demi-rel. mar. La Vall.

Taches.

254. Le Passe-par-tout de l'Eglise romaine, ou Histoire des tromperies des prêtres et des moines en Espagne, par Antoine Gavin... traduit de l'anglois par M. Janiçon. *Londres, chez J. Stephens*, 1726-1727, 3 vol. in-12, dont 1 en demi-rel. v. r. et 2 en vélin à recouvrements.

Première édition de cette traduction.

255. Taxe de la Chancellerie romaine, ou la Banque du Pape dans laquelle l'absolution des crimes les plus énormes se donne pour de l'argent. Ouvrage qui fait voir l'ambition et l'avarice des Papes. Traduit de l'ancienne édition latine (par J.-B. Renoult). Nouvelle édition... augmentée de plusieurs remarques et de plusieurs pièces qui ont rapport à la même matière. *A Rome, à la Tiare, chez Pierre la Clef*, 1744, 2 parties en 1 vol. in-8, front. et 2 pl. gr. v. ant. granit, dos orné, tr. r.

256. Jean aux sept Eglises d'Asie, ou Épitre d'un Réformé aux peuples réformés. *Patmos*, 1759, in-4, v. ant. marb. fil.

Rare.

257. Prières pour le jour du Dimanche, à l'usage des Protestants du pays d'Aunis. *S. l.* 1768, in-4 de 56 pp. cart.

258. Sermons sur divers textes de l'Ecriture Sainte ; faits et exposés par moi François Roux, Ministre du saint Evangile sous la Croix, prononcés au Déser en France dans la Province du Languedoc. Tome premier commencé l'année MDCCXXIX. — In-4 de 9 ff. pour le titre, l'avis au lecteur et les prières, 214 pp. et 1 f. pour la table des sermons, v. f. moderne, dos orné, fil. dent. int. non rog.

Manuscrit original autographe de FRANÇOIS ROUX, pasteur du Désert, né à Caveirac (Gard).

Ces sermons, au nombre de dix, furent prononcés du 15 juin 1729 au 10 octobre 1732 et sont restés INÉDITS.

259. Antoine Achard. Sermons. — Réunion de 3 cahiers in-4 manuscrits.

Manuscrits originaux autographes des trois sermons suivants : *Père pardonne leur, car ils ne savent ce qu'ils font*, récité au Verder, le 25 avril 1756 ; 16 pp. — *Réveille toi, toi qui dors!* récité au Verder, le 18 avril 1756 : 16 pp. — *Bienheureux sont ceux qui ont faim et soif de justice*... Verder, 1729, 1732, 1740, 6 avril 1760 (entièrement refondu) ; 12 pp.

Antoine Achard, conseiller du Consistoire suprême de l'Eglise française de Berlin, pasteur de l'Eglise du Werder, naquit en 1696 et mourut en 1772.

260. Sermons et Réflexions pieuses, par Paul Rabaut (1760-1763). — In-4 de 8, 10 et 12 ff. demi-rel. mar. brun, non rog.

Manuscrits originaux autographes de PAUL RABAUT, le plus célèbre des pasteurs du Désert, né à Bédarieux en 1718, mort à Nîmes en 1794.

261. De la Religion considérée dans son rapport avec la Politique, par M. Eymar, de Nîmes, 1805. — In-4 de 276 pp. demi-rel. mar. brun.

Manuscrit original autographe de Claude Eymar, né à Marseille, en 1748, d'une famille protestante originaire du Dauphiné, commerçant à Marseille, officier municipal, mort en 1822, à Bellegarde, près Nîmes, où il s'était retiré pendant la Terreur.

262. Alexandre Vinet. Ouvrages divers. — Réunion de 7 vol. in-8, demi-rel. mar. bleu et brun, dos orné

Essais de Philosophie morale et de morale religieuse. *Paris*, 1837. — Théologie pastorale, ou Théorie du ministère évangélique. *Paris*, 1850. — Le même ouvrage. Deuxième édition. *Paris*, 1854. — L'Education, la famille et la société. *Paris*, 1855. — Moralistes des seizième et dix-septième siècles. — Histoire de la Prédication parmi les Réformés de France au dix-septième siècle. *Paris*, 1860. — Mélanges. Philosophie morale et morale religieuse. Etudes littéraires et notices biographiques. Fragments inédits et pensées. *Paris*, 1869.

263. Athanase Coquerel, père et fils. Ouvrages divers. — Réunion de 9 vol. in-8 et in-12, demi-rel, vélin, chag. ou mar. brun et vert.

L'Orthodoxie moderne. *Paris*, 1842. — Le Christianisme expérimental. *Paris*, 1847. — Projet de Discipline pour les Eglises réformées de France. *Paris*, 1861. — Esquisses poétiques de l'Ancien Testament. Troisième édition. *Paris*, 1851. — Précis de l'Histoire de l'Eglise réformée de Paris. Première époque, 1512-1594, de l'origine de l'Eglise à l'Edit de Nantes. *Paris*, 1862. — Les Forçats pour la foi. Etude historique (1684-1775). *Paris*, 1866. — Etc.

264. Les Ouvriers selon Dieu et leurs œuvres ; suite de Discours adressés par Henry de Triqueti, secrétaire du comité de patronage de l'Église réformée de Paris aux jeunes apprentis. *Paris*, 1868-1874, 17 parties ou séries en 6 vol. in-12, portr. demi-rel. mar. violet.

Collection complète.

On a ajouté : Funérailles du baron Henry de Triqueti, statuaire, célébrées à Paris le 13 mai 1874 par M. le Pasteur Ch.-L. Frossard. *Paris. Grassart*, 1874, 14 pp.

265. Méditations sur la mort et l'éternité, publiées avec la permission de Sa Majesté la Reine Victoria ; traduites de l'Anglais par Ch. Bernard Derosne. Deuxième édition. *Paris, Dentu*, 1863, in-8, demi-rel. mar. grenat.

266. OUVRAGES DE M. CHARLES-LOUIS FROSSARD.

1 Introduction au Livre de Ruth. *Toulouse, Chauvin*, 1851, in-8 de 48 pp. br. (*7 exemplaires*).

2. Le Livre de Ruth. *Toulouse, Chauvin*, 1851, in-8 de 16 pp. br. (*75 exemplaires*).

3. La Réforme dans le Cambrésis au XVIe siècle (1566). *Paris, Grassart*, 1855, in-8 de 47 pp. br. (*65 exemplaires*).

4. Paul Chevalier, 1564. *Paris, Grassart*, 1855, in-8 de 18 pp. br. (*48 exemplaires*).

5. L'Eglise sous la Croix pendant la domination espagnole. *Paris, Grassart*, 1857, in-8 de XX-336 pp. fig. br. (*98 exemplaires*).

6. Les Granges du Béarn, 1778, *Paris, Meyrueis*, 1857, in-8 de 16 pp. br. (*18 exemplaires*).

7. Aperçu sur l'Histoire de la Réformation dans la Flandre française. *Paris, Grassart*, 1857, in-8 de 23 pp. br. (*94 exemplaires*).

8. Essai sur la vie et les écrits de Saint Paul. *Paris, Grassart*, 1858, in-8 de 105 pp. br. (*105 exemplaires*).

9. Souvenir de la Fête séculaire célébrée à Lille, le 29 mai 1859. *Lille Leleux*, 1859, 12 parties en 1 vol. in-8, br. (*3 exemplaires*).

10. La Liturgie, ou l'ordre du service divin. *Paris*, 1859, in-8 de 56 pp. br. (*34 exemplaires*).

11. Le Martyr de la prière. Pierre Papus, dit La Rouvière exécuté à Montpellier, 1695. *Paris, Grassart*, 1861, in-8 de 11 pp. br. (*11 exemplaires*).

12. L'Eglise réformée de France a-t-elle une doctrine ? *Paris, Grassart*, 1864, in-8 de 20 pp. br. (*24 exemplaires*).

13. La Bible à l'Exposition universelle de Paris, 1867. *Paris, Maréchal*, 1868, in-8 de 12 pp. br. (*15 exemplaires*).

14. Programme du catalogue d'une Bibliothèque de Théologie réformée. *Paris, Maréchal*, 1868, in 8 de 8 pp. br. (*12 exemplaires*).

15. Numismatique protestante. Description de quarante et un méreaux de la communion réformée. *Paris, Grassart*, 1872, in-8 de 19 pp. br. (*29 exemplaires*).

16. Funérailles du baron Henry de Triqueti, statuaire, célébrées à Paris, le 13 mai, 1874. *Paris, Grassart*, 1874, in-12 de 14 pp. br. (*18 exemplaires*).

17. De la Vie future dans l'Ancien Testament. *Paris, Grassart*, 1874, in-8 de 26 pp. br. (*25 exemplaires*).

18. La Tour de Constance d'Aigues-Mortes. *Paris, Meyrueis*, 1875, in-8 de 12 pp. br. (*22 exemplaires*).

19. Rapport du Comité de la Société Biblique de France présenté le 1er mai 1876. *Paris, Maréchal*, 1876, in-8 de 18 pp. br. (*38 exemplaires*).

20. La Discipline ecclésiastique du pays de Béarn. *Paris, Grassart*, 1877, in-8 de 70 pp. br. (*45 exemplaires*),

21. Le Calendrier historial. *Paris, Grassart*, 1879, in-8 de 20 pp. br. (*15 exemplaires*).

22. Le Livre des Martyrs de Jean Crespin. *Paris, Grassart*, 1880, in-8 de 32 pp br. (*12 exemplaires*).

23 Etudes sur une Grotte découverte à Bagnères-de-Bigorre le 4 mai 1869. *Paris, Grassart*, 1880, in-8 de 47 pp. fig. br. (*40 exemplaires*).

24. Les Origines de la Faculté de théologie protestante de Montauban. *Paris, Grassart*, 1882, in-8 de 47 pp. br. (*3 exemplaires*).

25. Les Marbres des Pyrénées. *Paris, Grassart*, 1884, in-8 de 44 pp. br. (*11 exemplaires*).

26. Calendrier historial réformé. *Paris. Maréchal*, 1884, in-8 de 44 pp. vign. br. (*50 exemplaires*).

27. La Vie de l'Amiral Coligny, *Paris, Maréchal*, 1885, in-8 de 29 pp. fig. br. (*5 exemplaires*).

28. Recueil de Règlements extraits des actes des Synodes provinciaux

tenus dans la province du Bas-Languedoc de 1568 à 1623. *Paris, Grassart*, 1885, in-8 de 71 pp. br. (*46 exemplaires*).

29. Paul Rabaut. Deux Sermons, suivis de 16 plans de sermons manuscrits publiés par Ch.-L. Frossard. *Paris, Grassart*, 1886, in-8 de 71 pp. planche pliée, br. (*14 exemplaires*).

30. Catéchisme protestant. *Paris*, 1859-1888, in-12, cart. et br. (*6 exemplaires*).

31. Jean de Gassion, Maréchal de France. *Paris, Grassart*, 1895, in-8 de 37 pp. portr. br. (*38 exemplaires*),

32. Vingt-trois brochures différentes du même auteur et 106 (la plupart en nombre, par Emilien et B.-S. Frossard.

33. Le Nouveau Testament de Notre Seigneur Jésus-Christ. Version de J.-Fr. Ostervald révisée par Ch.-L. Frossard. *Paris*, 1873, gr. in-8 à 2 col. pap. vergé, br. (*6 exemplaires*).

Ensemble 1,185 volumes ou brochures.

3. *Collections et Mélanges*

267. Réimpressions d'auteurs protestants du XVIe siècle. — *Genève, Jules-Guillaume Fick*, 1853-1867. — Réunion de 7 vol. in-8, pap. vergé, dont 2 en demi-rel. chag. ou mar. r. et 5 en vélin.

Actes et gestes merveilleux de la Cité de Genève, par A. Fromment. — Le Levain du Calvinisme, ou commencement de l'hérésie de Genève. — Du Vray usage de la croix de Jésus Christ, par Guillaume Farel. — Le Livre du Recteur. Catalogue des Etudiants de l'Académie de Genève de 1559 à 1859 — Advis et devis de la source de lidolatrie et tyrannie papale, par François Bonivard. — Chroniques de Genève (par le même) publiées par Gustave Revilliod, 2 vol.
Tous ces ouvrages ont été tirés à petit nombre.

268. Réimpressions d'auteurs protestants du XVIe siècle. — *Genève, Jules-Guillaume Fick*, 1857-1884. — Réunion de 6 opuscules et 7 vol. de divers formats, pap. vergé, br.

La Persécution de l'Eglise de Paris en l'an 1559. — Satyres chrestiênes de la cuisine papale. — La Vie de Thomas Platter écrite par lui-même. Des Cinq Escoliers sortis de Lausanne bruslez à Lyon. — Anciens bois de l'Imprimerie Fick à Genève. — Annales de la Cité de Genève attribuées à Jean Savyon, Syndic. — Notice sur le Collège de Rive, par E. A. Betant. — Jean Kessler, chroniqueur Saint-Gallois. — Etc.
Tous ces ouvrages ont été tirés à petit nombre.

269. Réimpressions d'auteurs protestants des XVIe et XVIIe siècles — Réunion de 8 opuscules et 12 vol. in-12, in-8 et in-4, brochés et reliés.

Les Actes et gestes merveilleux de la Cité de Genève, par A. Fromment, *Genève*, 1854. — Les Larmes de Jacques Pineton de Chambrun *Paris*, 1854. — Advis et devis de la source de lidolatrie et tyranie papale, par Fr. Bonivard. *Genève*, 1856 — Mémoires de Pierrefleur grand Banderet d'Orbe. *Lausanne*, 1856. — L'Ordre du Collège de Genève. *Genève*, 1864.— Le Légat de la Vache à Colas de Sedege. *Paris*, 1868. — Le Livre de la Liberté chrétienne du Dr Martin Luther. *Paris*, 1879. — Poésies protestantes sur Jean Poltrot Sr de Méré. *Paris*, 1878. — Les Criées faites en la Citée de Genève l'an 1560, *Montpellier*, 1879. — La Vraye facon de réformer l'Eglise chrestienne par M. Jean Calvin. *Anduze*, 1881. — Etc.
Tous ces ouvrages ont été tirés à petit nombre.

270. Mélanges de Théologie, de Littérature et d'Histoire. — Réunion de 14 vol. ou cahiers in-12, in-8 et in-4, br. et reliés.

MANUSCRITS des XVIIIe et XIXe siècles.
Théologie dogmatique, par Alard. — *Prières à l'usage des protestants du Désert.* — *Cours d'instruction religieuse d'après les leçons de Paul Rabaut*, fait à Nismes, par J.-L. Roux. — *Cours d'Hébreu.* — *Le Conte du Tonneau*, copie par André Lutscher. — *Album amicorum*, sur ff. mobiles, daté de 1805, dans un étui. — *Relation fidèle des dernières affaires du Dauphiné au sujet de la religion*, 1683 ; copie moderne. — Etc., etc.

271. Traités de controverse, Pamphlets, etc., d'écrivains protestants et catholiques, publiés de 1821 à 1879, par MM. A. Bost, Colani, Coquerel, Ch.-L. Frossard, Ad. Monod, Th. Muret, Péron, F. Puaux, John Lemoine, les abbés Bruitte, Laborde, de Ségur, etc. — Réunion de 95 ouvrages ou pièces en 13 vol. in-12 et in-8, demi-rel. v. chag ou mar. de différentes couleurs.

272. Théologiens protestants contemporains. — Travaux de MM. Félix Bovet, Félix Bungener, Etienne Chastel, G. de Félice, F. Godet, Cte Agénor de Gasparin, L. Gaussen, J.-H. Merle d'Aubigné, Ed. de Pressensé, F. Puaux, Albert Réville, Edmond Scherer, A. Soulier, H. de Triqueti, Charles et Maurice Vernes. — Réunion de 36 vol. in-12 et in-8, *publiés de 1828 à 1876*, dont 1 br. et 35 bien reliés.

273. Brochures sur diverses questions de Théologie et sur l'Histoire du Protestantisme français. — Travaux de MM. C. Babut, Samuel Berger, Henri Bordier, Benjamin Couve, A. Decoppet, E. Doumergue, J.-P. Hugues, Lichtenberger, Armand Lods. Adolphe Monod, E. de Pressensé, N. Recolin, Armand Sabatier, etc. — Réunion de *154 brochures* in-12, in-8 et in-4, *publiées de 1842 à 1891.*

274. British Reformers. *London*, 1831, 22 parties en 12 vol. in-12, 12 portr. gr. cart. non rog.

Thomas Becon. — John Bradford. — Thomas Cranmer, Rogers, Saunders, Taylor and Careless. — Edward VI, Balnaves and others. — John Fox, Bale and Coverdale. — Dr John Hooper. — John Jewell. — John Knox. — Dr Hugh Latimer. — Dr Nicholas Ridley and John Philpot. — Tindal. Frith and Barnes. — John Wickliff to Bilney.

275. Théologiens Anglais. — Ouvrages de David Agnew, Hetherington, Horne, Jay, Johnson, Leighton, More, Smiles, Smith, Trench, etc. — Réunion de 20 vol. in-8, portr. reliés.

276. Théologiens Anglais. — Ouvrages de Edw. Bickersteth. Birks, H. Blunt, Gilfillan, Henry et Scott, Hodge, Keith, Lloyd. Maurice, Wilberforce, etc., etc. — Réunion de 28 vol. in-12, reliés.

277. Thèses théologiques soutenues à Genève de 1590 à 1623. — Réunion de 23 thèses en 1 vol. in-4, titres ornés d'encadrements sur bois à la De Tournes, demi-rel. vélin blanc moderne avec coins.

Thèses soutenues par : *Jean Polyander* (van den Kerckhoven), de Metz, 1590 ; *Théodose Bechet*, Parisien, 1592 ; *Daniel Rafin*, de Saint-Thibéry, 1592 ; *Paul Toussaint*, de Montargis, 1592 ; *Jean de La Faye*, de Nolay (?), 1592 ; *Mathieu Beaujardin*, de Nérac, 1595 ; *Johannes Divoy*, de Metz, 1596 ; *Daniel Pineau*, de Tours, 1596 ; *Moïse Ferrand*, de Clarac, 1596 (mouillure) ; *F. Rigaillius*, de Montauban, 1617 ; *Stephanus Mausenglarius*, de Dijon, 1598 ; *Jean Petit*, d'Orléans, 1620 ; *Nicolas Chaigneau*, du Poitou, 1620 ; *Jacques d'Orville*, d'Aix-la-Chapelle, 1620 ; *Samuel du Vicquet*, de Sedan, 1620 ; *Jean Bachellé*, de Metz, 1620 ; *David Primerose*, de Saint-Jean-d'Angely, 1620 ; *Isaac Couet* (?), d'Orléans, 1620 ; *Jean Maurat*, de Charenton, 1620 ; *François Regnaud*, de Mâcon, 1621 ; *Isaac Gueza*, Chaïlariensis, 1621 ; *Jean Divoy*, de Metz, 1621 ; *Pierre Chaigneau*, de Saint-Maixent, 1623.
Piqûre de ver en marge de quelques ff.

278. Thesaurus disputationum theologicarum in alma Sedanensi Academia variis temporibus habitarum, Reverendis... pastoribus... Petro Molinæo, J. Cappello, A. Ramburtio, S. Maresio, A. Colivino, L. Le Blanc, J. Le Vasseur, J. Alpæo de S. Maurice. Nunc primum collectus et in lucem emissus, ac... indicibusque necessariis illustratus... *Genevæ, J.-Ant. et S. de Tournes*, 1661, 2 tomes en 1 vol. in-4, vélin à recouvr.

279. Syntagma Thesium theologicarum in Academia Salmuriensi variis temporibus disputatarum sub præsidio DD. virorum SS. Theologiæ professorum, Ludovici Cappelli, Mosis Amyraldi, Josuæ Placæi. Editio secunda. *Salmurii, apud Joannem Lesnerium*, 1665, 4 parties en 2 vol. in-4, vélin.

La 3me partie est de l'édition de 1651. — Le premier plat de la reliure du tome I est un peu détérioré.

280. Thèses théologiques soutenues, de 1811 à 1867, dans les Facultés de théologie protestantes de Strasbourg et de Montauban. — Réunion d'*environ 300 thèses* en 18 vol. in-8 et in-4, demi-rel. v. f. bleu, brun et vert.

On a ajouté : Discours d'ouverture prononcés dans les mêmes Facultés de 1804 à 1867. — Réunion de 19 pièces en 2 vol. in-8, demi-rel. v. bleu.

281. Articles organiques des Cultes protestans. *Paris, Imprimerie de la République, germinal an X* (1802), in 8 de 7 pp demi-rel. vélin, titre calligraphié sur le dos.

282. Catéchismes des Eglises Réformées françaises, suisses, anglicanes et allemandes, aux XVIIIe et XIXe siècles. — *Paris, Amsterdam, Genève, Neuchatel, Delft, Lausanne Londres et Berne*, 1737-1887. — Réunion de 5 opuscules et 16 vol. in-8 et in-12, brochés et reliés.

283. Edouard Reuss : Histoire de la Théologie chrétienne au siècle apostolique. *Strasbourg, Treuttel et Würtz*, 1852. 2 vol. — Bibliotheca Novi Testamenti graeci cujus editiones ab initio typographiæ ad nostram aetatem impressas quot-quot reperiri potuerunt collegit digessit illustravit Eduardus Reuss. *Brunsvigæ*, 1872. — Ens. 3 vol. in-8, demi-rel. mar. brun.

284. Encyclopédie des Sciences religieuses, publiée sous la direction de F. Lichtenberger. *Paris, Fiscbacher*, 1877-1882, 13 vol. gr· in-8, demi-rel. mar. brun.

III. THÉOLOGIENS CATHOLIQUES. — DIVERS

285. Joannis Stephani Duranti... de Ritibus ecclesiæ catholicæ libri tres... *Lugduni, sumptibus Petri Landry*, 1595, in-8, vélin.

Edition la plus correcte de ce livre excellent à consulter pour tout ce qui concerne le rituel de l'Eglise romaine, car il fait autorité en la matière.

286. Philonis Judæi Opera exegetica in libros Mosis, de Mundi opificio, historicos et legales, quæ partim ab Adriano Turnebo... partim à Davide Hoeschelio ex Augustana edita et illustrata sunt. Accessere extra superiorem ordinem eiusdem Philonis sex opuscula... nunc græcè et latinè in lucem emissa ex accuratissima Sigismundi Gelenij interpretatione, cum rerum indice locupletissimo. *Genevæ, excudebat Petrus de la Rovière*, 1613, in-fol. texte grec et latin, titre-front. gr. v. brun ant. dos orné, fil.

Exemplaire réglé, aux armes de l'Abbaye de la Trappe.

287. L. Cœlii Lactantii Firmiani Divinarum institutionum libri VII. De Ira Dei, lib. I. De Opificio Dei, lib. I. Epitome in libros suos, liber acephalos... Omnia studio Michaelis Thomasii emendata, cum notis ejusdem... *Antverpiæ, ex officina Christophori Plantini*, 1587, in-8, vélin à recouvrements,

288. Ratio, seu Methodus compendio perveniendi ad veram Theologiam, per Erasmum Roterod, postremum ab ipso autore castigata et locupletata. Paraclesis, id est, exhortatio, ad studium Evangelicæ philosophiæ per eundem. *In inclyta Basilea. An M.D.XXII.* (A la fin :) *Basilæ, in ædibus Joannis Frobenii, anno M.D.XXII. Mense junio* (1522), 104 ff. non ch. titre dans un encadrement gr. sur bois et marque de l'imprimeur au verso du dernier feuillet. — In Acta Apostolorum paraphrasis Erasmi Roterodami, ab autore recognitâ. *Basileæ*,

in officina Frob. 1534, 255 pp. — Ens. 2 ouvrages en 1 vol. in-8, car. ital. vélin.

Éditions originales.
Annotations marginales manuscrites. — Raccommodage en marge d'un f.

289. Traité de Bertram, prestre, à Charles le Chauve, roy de France. Du corps et du Sang de Nostre Seigneur Jésus-Christ. Traduit de latin en francoys. *S. l.* 1562, pet. in-8, demi-rel. vélin moderne avec coins.

290. Speculum Aureum || fratris Henrici Herp. de || preceptis divine legis. || (A la fin :) *Impressumq; in Argentina per Joannem Knobloch. Anno. M.d.xx. die octava mensis Septembris* (1520), in-4, goth. de 12 ff. prél. non ch. dont 1 blanc et 367 ff. non ch. v. brun ant. estampé, dos orné et milieu doré.

Édition très rare.

291. Enchiridion militis christiani, saluberrimis præceptis refertum, D. Eras. Rot. autore. Cui accessit : De præparatione ad mortem, libellus. Epistola exhortatoria ad capessendam virtutens. Concio de puero Jesu. Expostulatio Jesu. Ode de casa natalitia pueri Jesu. *Lugduni, apud Seb. Gryphium*, 1541, 230 pp. et 1 f. non ch. — De Præparatione ad mortem, liber cum primis pius : Des. Eras. Rot. autore. Eiusdem de Morte declamatio, in genere consolatorio. *Lugduni apud Seb. Gryphium*, 1541, 78 pp. et 1 f. non ch. — Modus orandi Deum D. Erasmo Roterodamo autore. *Lugduni, apud Seb. Gryphium*, 1540, 79 pp. — Ens. 3 ouvrages en 1 vol. in-8, car. ital. bas. brune ant. tr. dor.

Mouillure.

292. Le Catéchisme des Jésuites, ou Examen de leur doctrine (par Estienne Pasquier). *A Ville-franche, chez Guillaume Grenier*, 1602, in-8, titre dans un encadrement gr. sur bois, vélin à recouvrements.

Edition originale de ce virulent pamphlet.

293. Les Imaginaires, ou Lettres sur l'Hérésie imaginaire. Volume I contenant les dix premières. Par le Sr de Damvilliers (P. Nicole). — Les Visionnaires, ou seconde partie des Lettres sur l'Hérésie imaginaire, contenant les huit dernières. *A Liège, chez Adolphe Beyers (à la Sphère)*, 1667, 2 parties en 1 vol. in-12, vélin à recouvrements.

Jolie édition, imprimée à Amsterdam par Daniel Elzevier, de ce Recueil composé de dix-huit petites lettres dans le goût des *Provinciales* et assez dignes de les suivre à distance (Willems. *Les Elzevier*, n° 1317).
Hauteur : 132 mill. ; tache aux derniers ff.

294. Nostra Hermanni ex gratia Dei archiepiscopi Coloniensis, et Principis Electoris, etc. Simplex ac pia deliberatio, qua ratione Christiana et in verbo Dei fundata Reformatio, doctrinæ, administrationis divinorum sacramentorum, cæremoniarum, totiusq; curæ animarum, et aliorum Ministeriorum ecclesiasticorum, apud cos qui nostræ Pastorali curæ commendati sunt, tantis per instituenda sit, donec Dominus dederit constitui meliorem, vel per liberam et Christianam Synodum, sive generalem sive nationalem, vel per ordines Imperii nationis Germanicæ in spiritu sancto congregatos. *Bonnæ, ex officina Laurentii Mylii*, 1545, in-fol. car. ronds, beau blason sur le titre et lettres ornées, parchemin

Raccommodage dans la marge inférieure du titre et du dernier f. — Mouillure.

295. D. Tilmanni Segebergen. De septem Sacramentis liber unus, qui in totidem capita juxta Sacramentorum numerum digestus, adsertionem eorum defensionemque adversus hæreticos continet. Nunc recens ab ipso authore diligenter recognitus et passim locupletatus. *Parisiis, væneunt apud Vinvantium Caultherot*, 1550, in-8, demi-rel. vélin moderne avec coins.

296. Confessionale sive libel||lus modum confitendi pulcherrime cōplectēs. || Necessarius atq; utilis et cuilibet recte con || fiteri volēti, et ipsis sacerdotibus, qui alio||rum confessiones audire habēt editus || a celeberrimo academie Lovanieñ. || Artiū et sacre theologiæ || professore, Diviniq; verbi declamatore fa||ciendissimo. Magistro Godscalco Ro||semondo Endoviensi. || Denuo ab eodem recogni||tus et castigatus Anno || Mil CCCCC || XIX Men. || Junij, die xxvij. || (A la fin :). ℭ *Impressum Anduerpie per me Michaelem Hille||niū Hoochstratanū. Anno a nativitate xp̄i || MCCCCCXIX. Die || vero viij julij.* || (1519), in-8, goth de 251 ff. ch. et 5 ff. non ch. pour la table, titre en r. et noir, v. ant. marb. dos orné, tr. r.

Ouvrage très rare.
Exemplaire avec les initiales rubriquées.

297. Les Devoirs des maîtres et des domestiques, par M. Claude Fleury, prêtre, abbé du Loc-Dieu. *Paris, Pierre Aubouin*, 1688, in-12, pap. fort, v. brun ant. dos orné, tr. r.

Édition originale de cet excellent traité écrit pour les princes de Conti, dont l'abbé Fleury était précepteur.

298. Philippi || de Greve, Cancellarii Parisieñ. In Psalterium || Davidicum CCCXXX Sermones. || ℭ *Venundantur Jodoco Badio sub gratiā || et privilegio ad finem explicandis.* || (A la fin:) *Impensis Jodoci Badii Ascensii, sub Calen. Januarii*

M.D.XXIII suppulatione Romana (1523). 2 tomes en 1 vol. in-8, lettres ornées, vélin à recouvrements.

Edition très rare de ce recueil de Sermons, non cité par Brunet, composée par Philippe de Grève, chancelier de l'Eglise de Paris, mort en 1237. — Le premier volume se compose de 8 ff. prél. non chiff. et 312 ff. chiff.; le second de 16 ff. prél. non chiff., 267 ff. chiff. et 1 f. non chiff. pour la souscription,

Grande marque de Josse Bade sur le titre.

299. ℂ Fructuosissimi || atq; amenissimi Sermones F. Gabrielis Barelete a || toto verbisatorũ cetu, diu desiderati summa cura mul||tis sũptibus : ⁊ tum ab Italia : tum germania Galliaq; || collatis exemplaribus... ℂ *Parisiis Mense Aprili M. D xxvij* (A la fin :) *Impressi Parrhisii Anno domini Mccccccxxvij. Die vero viij. Aprilis* (1527), in-8, goth. à 2 col. de 4 ff. prél. non ch. et 276 ff. (mal. ch. de 1 à 272), marque de Jehan Petit sur le titre et lettres ornées, bas. ant. granit dos orné, tr. r.

Recueil très rare des sermons de Gabriel Barletta, prédicateur italien du XVe siècle, recherchés pour l'étrangeté de leur forme. Ils sont remplis d'apostrophes et de parenthèses d'un goût fort douteux mais qui les rendit populaires à la multitude à laquelle ils étaient adressés.

Mouillure en marge des premiers et des derniers ff.

300. D. Juini eloquii preconis celeberri||mi fratris Oliverij Maillardi || ordinis minorum professoris || Sermones de adventu : declamati Pari||sius in eccl'ia sancti Johãnis in gravia.|| (A la fin :) *Impẽsis vero Johãnis Petit, parisieñ bibliopole. Anno dñi* 1506, 116 ff. ch. et 5 ff. non ch : — ℂ Opus quadragesimale egregiũ Ma||gistri Oliverij Maillardi sacre theolo||gie preclarissimi ordinis minorũ preco||nis : quod quidem in civitate Nãneteñ.|| fuit per eũdem publice declamatum : ac||nuper Parisius impressum. (A la fin :) *Impensis honesti viri Johãnis Petit parisieñ... Anno Millesimo quingentesimo sexto* (1506), 102 ff. ch. et 37 ff. non ch. — Quadragesimale opus de||clamatum parisiorum urbe ecclesia sancti ||Johannis in gravia : per venerabilem pa||trem sacre scripture interpretem divini verbi pre||conem eximium : fratrem Oliverium Maillardi or||dinis fratrum minorum. Parisius sub codeс; recol||lectum : ac novissime magno labore correctum im||pressioniq; traditum. *Anno M.ccccc.xv.* (A la fin :) *Impensis... Johãnis Petit... Anno M. cccccxvj* (1516), 174 ff. ch. et 4 ff. non ch. — Ens. 3 vol. in-8, goth. à 2 col. marque de l'imprimeur sur chaque titre et lettres ornées, demi-rel. v. brun, dos orné, tr. marb. (*Rel. uniforme.*)

Importante réunion de ces sermons dans lesquels le fougueux cordelier Olivier Maillard prodigua les licences les plus étranges. Chacun d'eux est une satire amère et outrageante, revêtue d'un langage grossier, trivial, et de mots empruntés aux mauvais lieux du plus bas étage.

301. ℂ Sermones qua || dragesimales reverēdi pa || tris F. Michaelis Meno || ti, sacre theologie quōdā || professoris Parisiensis, ab || ipo olim Parisiis declama || ti, nunc denuo et diligētis || sime castigati et novis le || gum atq; canonum addita || mentis locupletati. || *Parisiis, ex officina Claudij Chevallonij*... 1526, in-8, goth. de 16 ff. prél. non ch. et 224 ff. ch. titre dans un curieux encadrement gr. sur bois, marque de l'imprimeur au verso du dernier f. demi-rel. v. brun dos orné.

Edition rare de ces sermons macaroniques, moitié en latin barbare, moitié en burlesque français, remplis de grossièretés, de bouffonneries. et de trivialités.

Fort raccommodage enlevant du texte au f. 112.

302. Sermo || num Dñicaliū totius anni, tū de || epistolis, tū de evāgeliis reverēdi || patris, fratris Guillelmi Pépin, sa || cre theologie professoris Parisi || ensi; reformati cōvēt' sancti Lu || dovici Ebroycēn. ordinis fratū || pdicatorū alūni et incole, Parsij. || *Parisis* || 1530. || (A la fin :) ℂ *Impressi autē sunt dicti Sermones apud insignē calcographum Nicolaum Sanetiriū... Anno salutis M.ccccccxxx, xxij octobris* (1530), in-8, goth. de 6 ff. prél. non ch. et 271 ff. ch. titre en rouge et noir dans un encadrement gr. sur bois, lettres ornées, demi-rel. vélin moderne avec coins.

Seconde partie de ce très rare recueil de sermons non cité par Brunet. La marge extérieure du titre est consolidée ; petites taches.

303. Sermons sur les principales et plus difficiles matières de la foy, faicts par le R. Père Pierre Coton, de la Cōpagnie de Jésus... réduicts par luy mesme en forme de méditations. *A Paris, chez Sébastien Huré*, 1617, in-8, titre front. gr. par Michel Faute, v. f. ant. dos orné. tr. r.

Edition originale des Sermons du célèbre confesseur des rois Henri IV et Louis XIII.

304. Imitations de Jésus-Christ. — Réunion de 5 vol. in-12, dont 3 en demi-rel. ou br. et 2 en v. ant.

L'Imitation de Jésus-Christ, traduite et paraphrasée en vers françois par Pierre Corneille. *Paris*, 1725, front, et 4 fig. gr. — De Imitatione Christi libri quatuor. Edidit Nic. Beauzée. *Parisiis*, 1789, front. et 4 fig. par Marillier. — Thomæ a Kempis de Imitatione Christi libri IV. Denuo edidit F. Jos. Desbillons. *Mannhemii*, 1809. — Imitation de Jésus-Christ, traduite du latin de Thomas a Kempis. *Valence*, 1839. — Yesu-Christoren Imitationea, lehenagoco edicione bera. *Tolosan*, 1850.

305. Le Paradis ouvert à Philagie, par cent dévotions à la Mère de Dieu, aisées à pratiquer aux jours de ses festes et octaves, qui se rencontrent à châque mois de l'année : Augmenté d'une douzaine de faveurs mémorables de la mère de Dieu envers ses dévots, par le R. P. Paul de Barry, de la Compagnie de Jésus. *A Lyon, chez Antoine Cellier*, 1671, in-12, vélin.

Une partie du privilège qui occupe le dernier f. est déchirée.

306. Noëls : La Grande Bible des Noëls sur la nativité de Jésus-Christ. *Orléans, Letourmy, s. d.* — La Belle Bible des Cantiques de la naissance et des autres mystères de Notre Seigneur, tant anciens réformés que nouveaux imprimés et non imprimés. *Troyes, Veuve de Jean Oudot, s. d.* (1723). — La Grande Bible des Noëls, tant vieux que nouveaux, composez à la louange de Dieu et de la Vierge Marie. *Troyes, Veuve de Jean Oudot*, 1732. — Ens. 3 vol. in-12, vign. sur bois, demi-rel. v. f.

Raccommodages.

307. Traitté qui contient la méthode la plus facile et la plus assurée pour convertir ceux qui se sont séparez de l'Eglise, par le cardinal de Richelieu. Nouvelle édition, reveuë et corrigée. *A Paris, chez Sébastien Cramoisy*, 1657, in-4, v. brun ant. un peu fatigué.

Piqûres de vers.

308. Ordre pour réconcilier un Hérétique. *A Paris, chez François Muguet*, 1664, in-fol. de 21 pp. demi-rel. vélin moderne avec coins.

Exemplaire contenant des additions sur feuilles volantes et de *nombreuses annotations marginales manuscrites* de l'époque complétant les instructions données pour l'abjuration des protestants. Il est précédé de 1 f. manuscrit qui a pour titre : *Ordre pour la Cérémonie d'une abjuration* et suivi de 2 pp. également manuscrites qui ont pour titre : *Conclusion*.
On a ajouté : Confession de l'Eglise catholique en français. *S. l. n. d.* 3 pp. — Forma juramenti professionis fidei, a cathedralibus et superioribus ecclesiis, vel beneficiis curam animarum habentibus, et locis regularium, ac militarum præficiendis, observata. *S. l. n. d.* placard gr. in-fol. plié.

309. Exposition de la Doctrine de l'Eglise catholique sur les matières de controverse, par Messire Jacques Benigne Bossuet... *Paris, Sébastien Mabre-Cramoisy*, 1671, in-12, mar. r. dos orné, fil. dent. int. tr. dor. (*Hardy.*)

Première édition originale livrée au public.
Bel exemplaire du premier tirage.

310. Conférence avec M. Claude, ministre de Charenton, sur la matière de l'Eglise, par Messire Jacques Benigne Bossuet, evesque de Meaux... *A Paris, chez Sébastien Mabre-Cramoisy*, 1682, in-12, mar. r. dos orné, fil. dent. int. tr. dor. (*Hardy-Mennil.*)

Bel exemplaire de l'édition originale.

311. La Cabale des Réformez, tirée nouvellement du Puits de Démocrite, par J. D. C. (Guillaume Reboul). Reveüe en ceste édition au dernier Consistoire tenu à Genève, et du consentement des Pères fut ordonné que l'Apologie de Reboul sur leur

Cabale y seroit adioustée. *A Mompellier, chez le Libertin, imprimeur juré de la saincte Réformation*, 1600, 2 parties en 1 vol, in-8, v. f. moderne, dos orné, fil.

Ce libelle, dû à la plume de Guillaume Reboul, né à Nîmes, est rempli de fades plaisanteries et de calomnies atroces sur les ministres protestants.

312. Les Actes du Synode universel de la Saincte Réformation, tenu à Mompellier le quinziesme de may 1598. Satyre Menippæe (par Guillaume Reboul, Nîmois). *A Mompellier, chez le Libertin, imprimeur juré de la saincte Réformation*, 1600, in-12, v. f. moderne, dos orné, fil. à froid.

Violente satire contre les protestants. Elle contient plusieurs passages, dont quelques-uns assez étendus, en patois languedocien.
Légère mouillure à quelques ff.

313. Torrent de feu sortant de la face de Dieu, pour desseicher les eaux de Mara, encloses dans la chaussée du Moulin d'Ablon. Où est amplement prouvé le Purgatoire et suffrages pour les trespassez, et sont descouvertes les faussetez et calomnies du Ministre Molin, composé par le R. P. F. Jacques Suares de Sainte-Marie... Reveu, corrigé et augmenté par l'auteur en ceste dernière impression, avec plusieurs additions très-utiles et nécessaires. *A Paris, chez Nicolas Du Fossé*, 1606, in-8, vélin.

Ouvrage dirigé contre le ministre réformé Molin, qui y est traité de menteur, d'ignorant et autres qualificatifs peu honorables. — Très rare.

314. Elixir Calvinisticum, seu Lapis philosophiæ reformatæ, a Calvino Genevæ primùm effossus, dein ab Isaaco Casaubono Londini politicus... autore Andrea Schioppio, Gasparis fratre. *In Ponte Charentonis, apud Joannem Molitorem*, 1615, in-8 de 46 ff. cart.

Pamphlet très rare.
Légère mouillure.

---

315. Præadamitæ, sive exercitatio super versibus duodecimo, decimotertio et decimoquarto, capitis quinti Epistolæ D. Pauli ad Romanos, quibus inducuntur primi homines ante Adamum conditi (auct. Isaaco de La Peyre). *S. l. (Hollande)*, 1655, in-12, carte gr. et pliée, v. f. moderne, dos orné, fil.

Seconde édition de ce livre singulier, dans lequel l'auteur prétend démontrer, par l'autorité de Saint-Paul, qu'il a existé des hommes avant Adam.
Ce volume sort des presses de Louis et Daniel Elzevier. (Voir : Willems, *Les Elzevier*, n° 1189.)

316. Præadamitæ, sive exercitatio super versibus duodecimo, decimotertio et decimoquarto, capitis quinti Épistolæ D. Pauli ad Romanos. Quibus inducuntur primi homines ante Adamum conditi (auct Isaaco de La Peyrere). *S. l.* 1655. — Animadversiones in librum Præadamitarum, in quibus confutatur nuperus scripter, et, primum omnium hominum fuisse Adamum, defenditur, authore Eusebio Romano (Phil. Priorio). *S. l. (à la Sphère)*, 1656. — Ens. 2 ouvrages en 1 vol. in-12, v. brun ant. fil. à froid, tr. r.

317. La Religion du Médecin, c'est à dire Description nécessaire par Thomas Brown, médecin renommé à Norwich ; touchant son opinion accordante avec le pur service divin d'Angleterre (traduite du latin en françois avec des remarques par Nic. Lefebvre). *S. l.* (*Hollande*), 1668, in-12, front. gr. mar. r. fil. à froid, tr. dor. (*Rel. anc.*)

PREMIÈRE ÉDITION de la traduction française de ce curieux ouvrage.

JURISPRUDENCE

318. Franc. Hotomani jurisconsulti, Quæstionum illustrium liber. *S. l.* (*Genevæ*), *excudebat Henr. Stephanus*, 1573, 2 parties en 1 vol. in-8, v. f. moderne, dos orné, fil.

EDITION ORIGINALE.
Mouillure.

319. TAXE CACELLARIE APO||STOLICE ꝛ taxe sacre penitẽtiarie itidẽ apl'ice. || ☾ *Venundantur Parisiis.. per Tossanũ Denis bibliopolam cum descriptione Italie ac cõpendio Universitatis Parisiensiis : ꝛ taxis beneficiorum ecclesiasticorũ Regni Francie* 1520. (A la fin :) *Impsse Parrhisiis pro Tossano Denis... anno dñi* 1520. *Die vero* 26 *mensis Augusti*. 4 ff. prél. non ch. et 42 ff. ch. marque de l'imprimeur et 2 blasons sur le titre. — Compendium recenter edi||tum de multiplici Parisiẽsis Universitatis || magnificentia, dignitate et excellẽtia, eius || fundatione mirificoqȝ suorum supposito||rum ac officiariorum et collegiorum noĩe. || Preterea supplementũ de duabus artibus || et heptadogma ꝑ erigendo recẽter gymna||sio multis cum aliis utilibus documẽtis. || ☾ *Venundãtur Parisiis... per Toussanum Denis... cũ descriptione italie et taxis beneficorũ aliisqȝ libris desideratissimis* (A la fin:) ☾ *Impressũ in alma parisioqȝ universitate ꝑ Toussano Denis...* 1517, 4 ff. prél. non ch. et 20 ff. ch. marque de l'imprimeur sur le titre. — Ens. 2 ou-

vrages en 1 vol. in-4, goth. lettres ornées, demi-rel. mar. bleu avec coins, dos orné.

Edition la plus complète de ces *Taxes* publiées par le Pape Sixte IV.

320. Opus Thomæ Campegii Bononiensis, episcopi Feltrensis de Auctoritate et potestate romani Pontificis, et alia opuscula... *Venetis, apud Paulum Manutium, Aldi f.* 1555, in-8, vélin moderne à recouvr. titre calligraphié sur le dos, tr. r.

Timbre de bibliothèque sur le titre.

321. Pragmatica san||ctio cum repertorio novi||ter egregie desuper cōpi||lato ; ad materias facilius || inveniendas ; una cum ta||bula alphabetica. || (Au recto du f. 291 :) ¶ *Finiūt decreta Basiliensia necnō Bituricensia : que Pragmatica sāctis intitulant : glosata p magistrū Cosmā Guymier utriusq; juris licētiatū... Impressaq; Lugduni partiu; Francie amenissima urbe per Johanne; de Vingle... Anno dñi M.ccccxcix, die vero xxi februarij* (1499), in-8, goth. de 323 ff. non ch. titre imprimé en r. figure sur bois sur le 2e f., lettres ornées, marque de l'imprimeur au verso du dernier f., vélin.

Edition très rare de la *Pragmatica Sanctio* avec la glose de Cosme Guymier. C'est l'une des trois éditions Lyonnaises citées, mais non décrites, par Brunet.
Mouillure ; le f. R i manque.

SCIENCES ET ARTS

322. Henrici Cornelii Agrippæ ab Nettesheym, de Incertitudine et vanitate scientiarum declamatio invectiva, ex postrema Auctoris recognitione. *Coloniæ, apud Theodorum Baumium,* 1568, fort vol. in-12, portr. sur le titre, ais de bois couverts de vélin.

Edition peu commune de ce célèbre traité.
Petits trous en marge des deux premiers ff.

323. Omnia divini Platonis Opera tralatione Marsilii Ficini, emendatione et ad græcum codicem collatione Simonis Grynæi, summa diligentia repurgata, quibus subjectus est index quam copiosissimus. (A la fin :) *Basilæ, apud Hier. Frobenium et Nic. Episcopium, an. M.D.LI. Mense Martio* (1551), in-fol. v. f. moderne, dos orné, fil. dent. et comp. à froid.

Edition rare de cette version recherchée.
Exemplaire réglé ; légères piqûres de vers en marge des premiers et des derniers ff.

324. Les Hipotiposes, ou Institutions Pirroniennes de Sextus Empiricus en trois livres, traduites du grec (par Huart de

Genève) avec des notes qui expliquent le texte en plusieurs endroits. *S. l.* (*Amsterdam*), 1725, in-12, v. brun ant. dos orné, tr. r.

Première édition de cette traduction.

325. Petri Pomponatii Mantuanii, Tractatus de Immortalitate animæ. *S. l.* 1534, in-12, titre dans un encadrement gr. sur bois, vélin, dos de v. ant. marb

326. Petri Pomponatii... Opera. De naturalium effectuum admirandorum causis. Seu de incantationibus liber. Item de Fato: Libero arbitrio: Prædestinatione: Providentia Dei, libri V. (ed. a Guil. Gratarole) .. (A la fin :) *Basileæ, ex officina Henricpetrina, anno M.D.LXVII, mense Martio* (1567), fort vol. in-8, vélin.

Mouillure.

327. Divine Philosophie de Vivès, traduicte en vulgaire fracoys, par maistre Guillaume Paradin. *A Paris, par Jehan Ruelle*, 1552, in-24, demi-rel. vélin moderne.

Edition originale, très rare, de cette traduction.

•328. Académie Françoise. En laquelle il est traicté de l'institution des mœurs, et de ce qui concerne le bien et heureusemēt vivre en tous estats et conditions, par les préceptes de la doctrine et les exemples de la vie des anciens sages et hommes illustres, par Pierre de La Primaudaye. *Paris, Guillaume Chaudière*, 1577, 2 parties en 1 vol. in-fol. vélin.

Ouvrage recherché, et qui obtint dans son temps un très grand succès.
Le titre manque.

329. V. Cousin : Fragments philosophiques. *Paris, Ladrange*, 1838-1840, 4 vol. — Philosophie de Kant. *Paris, Librairie nouvelle*, 1857. — Ens. 5 vol. in-8, demi-rel. v. bleu.

330. Michel Nicolas : Introduction à l'étude de l'Histoire de la philosophie. *Paris, Ladrange*, 1849-1850, 2 vol. — Des Doctrines religieuses des Juifs pendant les deux siècles antérieurs à l'Ere chrétienne. *Paris, Michel Lévy*, 1860. — Ens. 3 vol. in-8, demi-rel. v. f. et mar. brun, dos orné.

331. Petri Rami... Animadversionum Aristotelicarum libri XX .. *Lutetiæ, apud Joānem Roigny*, 1548, in-8, vélin.

Première édition sous ce titre.
On a ajouté : Audomari Talæi Dialecticæ prælectiones in Porphyrium... *Parisiis, ex typographia Matthæi Davidis*, 1550, 78 pp.
Le titre du premier ouvrage est doublé et la marque de l'imprimeur en a été enlevée.

332. P. Rami... Dialecticæ libri duo. Exemplis omnium artium et scientiarum illustrati... per Rolandum Makilmenæum Scotum. *Francofurti, apud Andream Wechelum*, 1580. — P. Rami Dialecticæ libri duo : et his e regione comparati Philippi Melanchthonis Dialecticæ libri quatuor, cum explicationum et collationum notis... auctore Friderico Beurhusio... *Francofurdi, apud Joannem Wechelum*, 1588. — Ens. 2 ouvrages en 1 vol. in-8, vélin.

Légère mouillure.

333. P. Rami Scholarum physicarum libri octo, in totidem acroamaticos libros Aristotelis. Recens emendati per Joannem Piscatorem Argent. — P. Rami Scholarum metaphysicarum, libri quatuordecim, in totidem metaphysicos libros Aristotelis. Recens emendati per Joan. Piscatorem Argentinensem. — *Francofurti, apud hæredes Andreæ Wecheli*, 1583. — Ens. 2 ouvrages en 1 vol. in-8, vélin.

334. Elémens de Physique démontrez mathématiquement et confirmez par des expériences, ou introduction à la philosophie newtonienne. Ouvrage traduit du latin de Guillaume Jacob'SGravesande, par Elie de Joncourt. *A Leide, chez Langerak et Verbeek*, 1746, 2 vol. in-4, 127 pl. gr. et pliées, v. ant. marb. un peu fatig.

335. Arriani Nicomediensis de Epicteti philosophi, præceptoris sui, dissertationibus libri IIII, saluberrimis, ac philosophica gravitate egregié conditis, præceptis atq; sententijs referti, nuncq; primum in lucem editi : Jacobo Scheggio medico physico Tubingensi interprete. Accessit Epicteti Enchiridion, Angelo Politiano interprete. Græca etiam latinis adiunximus, ut commodius ab utriusq; linguæ studiosis conferri possint. *Basileæ, per Joannem Oporinum. s. d.* (1554), 2 parties en 1 vol. in-4, mar. r. dos orné, fil. tr. dor. (*Rel. anc.*)

Edition peu commune contenant les dissertations d'Arien, traduites en latin pour la première fois par Jac. Schegk, la version latine de l'*Enchiridion* par Politien, et le texte grec des deux ouvrages, avec des variantes tirées des éditions de 1528 et 1531.

336. Les Propos d'Epictète, recueillis par Arrian, auteur grec son disciple, translatez du grec en françois par Fr. L. D. S. F. (Frère Jean de Saint François, Prieur des Feuillantins). *A Paris, chez Jean de Heuqueville*, 1609, in-8, titre-front. gr. par Léonard Gaultier, vélin moderne.

Edition originale de cette traduction dédiée à la Reine Marguerite. Le titre est doublé.

337. Les Essais de Michel, seigneur de Montaigne. Nouvelle édition exactement purgée des défauts des précédentes, selon

le vray original, et enrichie et augmentée aux marges du nom des autheurs qui y sont citez, et de la version de leurs passages, avec des observations très importantes et nécessaires pour le soulagement du lecteur. Ensemble la vie de l'autheur et deux tables... de beaucoup plus amples et plus utiles que celles des dernières éditions. *A Paris, chez Augustin Courbé*, 1652, in-fol. beau portrait-front, gr. demi-rel. mar. vert, dos orné, tr. r.

Très belle édition, imprimée par Henri Estienne, qui, le premier, a placé aux marges et en regard des passages cités, les traductions de ces passages. Elle renferme en outre la grande préface de Mlle de Gournay, augmentée et améliorée de nouveau par cette demoiselle.

338. Discours philosophic de la vraye Amitié. L'Amitié est le Soleil et le sel de la vie. *A Genève pour Pierre Aubert*, 1625, pet. in-8 de 56 pp. (mal ch. de 1 à 48), fig. sur le titre, vélin moderne, titre calligraphié sur le dos.

339. La Fable des Abeilles, ou les Fripons devenus honnestes Gens. Avec le commentaire, où l'on prouve que les vices des particuliers tendent à l'avantage du public. Traduit de l'anglois (de B. de Mandeville) sur la sixième édition (par J. Bertrand). *Londres, Nourse*, 1750, 4 vol, in-12, v. ant. marb. dos orné, tr. r.

340. Les Conseils de la Sagesse, ou le Recueil des maximes de Salomo les plus nécessaires à l'homme pour se bien conduire dans le commerce de la vie : avec des réflexions sur ces maximes (par M. de Chanterenne). Année 1730. — In-fol. de 3 ff. pour le titre et la dédicace et 235 pp. mar. r. dos orné, large dent. à petits fers, doublé et gardes de papier à ramages or et couleur, tr. dor. (*Rel. anc.*)

Manuscrit du XVIIIe siècle, dédié à M. Hardancourt, directeur de la Compagnie des Indes.
Jolie reliure aux armes de Hardancourt et de sa femme (?)

341. La Philosophie de la Liberté. Cours de philosophie morale fait à Lausanne, par Charles Secrétan. *Paris, Hachette*, 1849, 2 vol. in-8, demi-rel. v. brun.

342. Société de la Morale Chrétienne. *Paris, Vve Dondey-Dupré*, 1851-1855, 5 vol. in-8, v. f. dos orné, fil. tr. dor. (*Niedrée*).

343. Gulielmi Bu||dæi, Parisiensis, de Contemptu rerum fortuitarum || libri tres.|| *S. l.* (*Paris*), *Venundantur in officina Ascēsiana, cum Gra||tia et privilegio in Triennium* || (1520), in-4 de 57 ff. car. ronds, fig. sur bois sur le titre, vélin moderne.

344. De Ci||vilitate morum || puerilium per Des. || Erasmum Roter.|| libellus nunc primum et con||ditus æditus. || *Antverpiæ*,

apud || *Michaëlem Hillenium an*||*no. M.D.XXX.* || (1530), pet. in-8 de 15 ff. non ch. car. ital. titre dans un encadrement gr. sur bois, demi-rel. mar. brun.

Edition originale, rare, de ce traité de *Civilité puérile*.
Titre doublé et raccommodé.

345. Les Voleurs, physiologie de leurs mœurs et de leur langage. Ouvrage qui dévoile les ruses de tous les fripons, et destiné à devenir le Vade-Mecum de tous les honnêtes gens ; par E.-F. Vidocq, ex-chef de la Police de Sûreté. *Paris*, 1837, 2 tomes en 1 vol. in-8, demi rel. v. f. dos orné.

346. (Aristoteles). Contenta : Politicorum libri octo. Commentarij. Economicorum duo. Commentarij. Hecatonomiarum septem. Economiarū publ. unus. Explanationis Leonardi (Aretini) in œconomica duo. *Apud Parisios primaria superiorum operū editio typis absoluta prodijt, ex officina Henrici Stephani, e regione Schole decretorum. Anno... M.D.VI* (1506) in-fol. de 6 ff. prél. non ch. et 178 ff. ch. titre dans un encadrement gr. sur bois, demi-rel. vélin moderne avec coins, dos orné.

Edition rare de cette traduction latine de Léonard Arétin accompagnée des commentaires de Lefèvre d'Etaples. Elle est dédiée au cardinal Briçonnet.
Annotations manuscrites de l'époque en marge de quelques ff. ; petit raccommodage au dernier f.

347. Discours politiques et militaires du seigneur de La Nouë. Nouvellement recueillis et mis en lumière. *A La Rochelle, chez Marc Villepoux*, 1590, fort vol. in-16, demi-rel. vélin moderne avec coins.

Edition rare.
Légers raccommodages au titre. — Mouillure.

348. Vindiciæ contra tyrannos : sive, de principis in populum, populique in principem legitima potestate. Stephano Junio Bruto Celta auctore. *Francofurti, sumpt. hæred. Lazari Zetzneri*, 1622, in-12, mar. r. fil. à froid, dent. int. non rog. (*Lortic.*)

Bel exemplaire, entièrement non rogné, provenant de la bibliothèque du Marquis de Morante.

349. Discours sur l'origine et les fondemens de l'inégalité parm les hommes, par Jean-Jacques Rousseau, citoyen de Genève. *Amsterdam, chez Marc Michel Rey*, 1755, in-8, front. par Eisen non signé, fleuron et vignette par Fokke, v. f. ant. dos orné, tr. marb.

Edition originale.

350. Les Livres de Hierome Cardanus, médecin Milannois, intitulez de la Subtilité et subtiles inventions, ensemble les causes occultes et raisons d'icelles. Traduits de latin en françoys, par Richard Le Blanc. Nouvellement reveuz, corrigez et augmentez sur le dernier exemplaire latin de l'auteur et enrichy de plusieurs figures nécessaires. *A Paris, chez Guillaume Jullian*, 1578, in-8, fig. sur bois, mar. vert à long grain, dos orné, dent. doublé et gardes de moire cerise, tr. dor. (*Bradel-Derome.*)

351. Œuvres de M. Franklin, docteur ès loix... traduites de l'anglois sur la quatrième édition, par M. Barbeu Dubourg, avec des additions nouvelles et des figures en taille-douce. *Paris, Quillau*, 1773, 2 tomes en 1 vol. in-4, portr. et 12 pl. gr. demi-rel. v. bleu avec coins, dos orné.

352. Essai phisique sur l'œconomie animale, par François Quesnay, maître ès arts, chirurgien reçu à S. Côme... *Paris, chez Guillaume Cavelier*, 1736, in-12, mar. r. dos orné, fil. doublé et gardes de papier étoilé d'or, tr. dor. (*Rel. anc.*)

Édition originale.

353. Spectres lumineux. Spectres prismatiques et en longueurs d'ondes, destinés aux recherches de chimie minérale, par M. Lecoq de Boisbaudran. *Paris, Gauthier-Villars*, 1874, 1 vol. de texte et 1 atlas gr. in-8 de 29 pl. br.

Envoi autographe de l'auteur.

---

354. Plinii Secundi Historiæ naturalis libri XXXVII, quibus accessere novus index animalium, mineralium, vegetabilium synonymicus, nominumque et rerum quo ad cetera enodatio, habita alphabetici ordinis ratione, e notis gallicæ editionis Ajasson de Grandsagne quarum auctores exstitere ad zoosophian, ut plurimum, G. Cuvier. *Parisiis, Plon*, 1845, 9 vol. gr. in-8, demi-rel. v. f. dos orné.

355. Summi Polyhistoris Godefridi Guilielmi Leibnitii Protogaea, sive de prima facie telluris et antiquissimæ historiæ vestigiis in ipsis naturæ monumentis dissertatio ex schedis manuscriptis viri illustris in lucem edita a Ch. Ludovico Scheidio. *Goettingæ, sumptibus J.-G. Schmidii*, 1748, in-4, 12 pl. gr. et pliées, vélin moderne.

Edition originale.

356. Description méthodique d'une Collection de minéraux du Cabinet de M. D. R. D. L. Ouvrage où l'on donne de nouvelles

idées sur la formation et la décomposition des mines, avec un court exposé des sentimens des minéralogistes les plus connus, sur la nature de chaque espèce... par M. de Romé Delisle. *Paris, Didot jeune*, 1773, in-8, front. par Monnet gr. par Aug. de St-Aubin, v. f. dos orné, fil.

357. Bulletin de la Société Géologique de France. *Paris*, 1867-1901, 40 vol. in-8 (y compris 3 vol. sans titres contenant des suppléments, le compte rendu des séances et les listes des membres de la Société, etc.) pl. br.

Années 1866 à 1901.
On a ajouté : Session de la Société géologique de France à Montpellier (octobre 1868). Compte rendu par Paul de Rouville. *Montpellier*, 1869, in-8, br. — Matériaux pour une étude stratigraphique des Pyrénées et de Corbières, par Henri Magnan (Mémoire posthume). *Paris*, 1874, in-4, 4 pl. en noir et en couleur, br. — Congrès géologique international. Comptes rendus de la VIIIe session, en France. *Paris*, 1901, 2 vol. gr. in-8, pl. en noir et en couleur, cart. — Livret-guide des excursions en France du VIIIe Congrès géologique international. *Paris*, 1900, 26 opuscules in-8, pl. et fig. dans un étui. — L'année 1898 est incomplète.

358. Traités de Minéralogie et de Géologie. — Réunion de 8 vol. et 2 atlas in-8, pl. et fig. dont 3 cart. et 7 en demi-rel. mar. et chag. brun et grenat.

Traité élémentaire de Minéralogie, par F.-S. Beudant. Deuxième édition. *Paris*, 1830, 2 vol. et 1 atlas de 24 pl. montées sur onglets. — Traité de Minéralogie, par A. Dufrénoy. *Paris*, 1844-1847, 3 vol. et 1 atlas de 224 pl. gr. — A Text-book of Mineralogy, by Edward Salisbury Dana. *New-York*, 1881, front. en couleur et nombr. fig. — Manual of Geology, by James D. Dana. *Philadelphia*, 1863, front. carte et nombr. fig. — Robert Dick Baker of Thurso, Geologist and Botanist, by Samuel Smiles. *London*, 1878, portr. sur Chine. pl. carte et nombr. fig.

359. Bulletin de la Société minéralogique de France, fondée le 21 mars 1878. *Meulan et Paris*, 1878-1901, 24 tomes en 19 vol. in-8, nombr. pl. et fig. dont 14 br. et 5 en demi-rel. chag. grenat, dos orné.

Tomes I à XXIV.

360. Paléontologie. — *Paris*, 1862-1879. — Réunion de 5 vol. in-8, pl. br.

Joachim Barrande : Trilobites ; Brachiopodes, 7 pl. lithog.; Réapparition du genre Arethusina Barr (une planche); Défense des Colonies. IV. Description de la Colonie d'Archiac, carte en *couleur*. — Paléontologie des mollusques terrestres et fluviatiles de l'Algérie, par M. J.-R. Bourguignat, 6 pl. lithog.

361. Paléontologie. — Réunion de 5 ouvrages en 3 vol. et 3 atlas in-8 et in-4, cart. et br.

Traité de Paléontologie, par F.-J. Pictet. Atlas de 110 planches (*sans texte*). *Paris*, 1853-1857, pl. lithog. — Recherches sur les ossemens humatiles des cavernes de Lunel-Viel (Hérault), par MM. Marcel de Serres, Dubrueil et Jeanjean. *Montpellier*, 1839, 21 pl. lithog. — L'Homme fossile, par Frédéric Troyon. *Lausanne*, 1867. — Promenades préhistoriques à l'Exposition universelle (de 1867), par G. de Mortillet. *Paris*.

1877, fig. — Le Danemark à l'Exposition universelle de 1867, par Valdemar Schmidt (*Paris*, 1868. — L'Homme fossile en Europe, par H. Le Hon. *Paris*, 1868, nombr. pl. et fig. — Description des ossements de *Felis Spelæ* découverts dans la caverne de Lherm (Ariège), par MM. E. et H. Filhol. *Paris*, 1871, 17 pl. lithog. (*sans texte*). — Traité de Paléontologie végétale, par W. P. Schimper. Paris, 1870, 45 pl. lithog. (*sur 110, sans texte*).

362. La Vana Speculazione disingannata dal senso, Lettera risponsiva circa i Corpi Marini, che petrificati si trovano in varij luoghi terrestri, di Agostino Scilla, pittore... *In Napoli, appresso Andrea Colicchia*, 1670, in-4, front. et 30 pl. gr. vélin.

363. Matériaux pour l'Histoire positive et philosophique de l'homme. Bulletin des travaux et découvertes concernant l'anthropologie, les temps anté-historiques, l'époque quartenaire, les questions de l'espèce et de la génération spontanée, par Gabriel de Mortillet (et dirigé depuis 1869 par MM. Cartailhac et Chantre). *Paris, Reinwald*, 1865-1886, 20 vol. in-8, nombr. pl. et fig. demi-rel, mar. vert et r.

Collection complète jusqu'en 1886. — Les 3 derniers volumes sont brochés.

364. Dr Chenu. Encyclopédie d'Histoire naturelle : Botanique ; 2 vol. — Carnassiers. — Coléoptères ; 2 vol. — Manuel de Conchyliogie et de Paléontologie conchyliologique ; 2 vol. — *Paris, Marescq et Masson*, 1859-1862. — Ens. 7 vol. gr. in-8, nombr. pl. et fig. gr. demi-rel. v. ou mar. de différentes couleurs, dos orné.

365. Index entomologicus, or, a complete illustrated catalogue, consisting of 1944 figures, of the Lepidopterous insects of Great Britain, by W. Wood. *London, Wood*, 1839, gr. in-8, 54 pl. gr. cart, toile verte, non rog.

366. Julii Obsequentis prodigiorum liber, ab urbe condita usq ; ad Augustum Cæsarum, cujus tantum extabat fragmentum, nunc demum historiarum beneficio, per Conradum Lycostenem Rubeaquensem, integritati suæ restitutus. Polydori Vergilij Urbinatis de prodigijs libri III. Joachimi Camerarij Paberg de ostentis libri II. *Lugduni, apud Joan. Tornaesium, et Guil. Gazeium*, 1553, in-16, mar. r. fil. à froid, dent. int. tr. dor. (*Lortic*.)

Bel exemplaire aux armes et au chiffre du marquis de Morante.

367. De Re rustica M. Catonis liber I. M. Terentij Varronis lib. III. Palladij lib. XIIII. L. Junij Moderati Columellæ lib. XIII. Priscarum vocum in libris de Re rustica enarrationer, per Georgium Alexandrinum. Philippi Beroal. in lib. XIII

Columellæ annotationes. Aldus de dierum generibus simulq; et horis, quæ apud Palladium... *Coloniæ, Joannes Gymnicus excudebat,* 1536, in-8, v. brun estampé à froid. (*Rel. de l'époque.*)

Edition rare de ce recueil.
Exemplaire de Pont-la-Ville et du marquis de Morante, recouvert d'une curieuse reliure du XVIe siècle portant sur les plats les figures en pied de Saint-Jean-Baptiste et de Saint-Michel, séparées par une ronde champêtre. — Le dos est refait.

368. Examen chymique des Pommes de terre, dans lequel on traite des parties constituantes du bled, par M. Parmentier, Apothicaire-Major de l'Hôtel royal des Invalides. *Paris, chez Didot, le jeune,* 1773, in-12, v. ant. rac. dos orné.

Le premier des ouvrages écrits par Parmentier en faveur de la pomme de terre.

---

369. In Magni Hippocratis librum de Humoribus purgandis. Et in libros tres de diæta acutorum Ludovici Dureti, Segusiani, commentarij interpretatione et enarratione insignes, a Petro Girardeto... emendati, in ordinem distributi, ac primum in lucem prolati... *Parisiis, apud Joannem Jost,* 1631, 2 parties en 1 vol. in-8, vélin, dos orné, cinq comp. successifs genre du Seuil sur les plats, tr. dor. (*Rel. de l'époque.*)

Edition originale.
Bel exemplaire, couvert d'une curieuse et jolie reliure de l'époque. Il a appartenu au célèbre médecin Jean Duval ainsi qu'en témoigne l'inscription *autographe* suivante écrite au verso du premier plat: *Hic liber est Joannis Du Val, facultatis Med. Doctoris et Med. Reg. 1632.*

370. Les Œuvres d'Ambroise Paré conseiller et premier chirurgien du Roy. Huictiesme édition, reveues et corrigées en plusieurs endroicts et augmentées d'un fort ample Traicté des fiebvres... avec les portraicts et figures tant de l'anatomie que des instruments de chirurgie et de plusieurs monstres. *Paris, chez Nicolas Buon,* 1628, in-fol. front. et nombr. fig. sur bois, bas. brune ant. fermoirs en cuivre.

Première édition complète des œuvres de cet illustre chirurgien.
Frontispice doublé ; très petite piqûre de ver aux derniers ff.

371. Traité des Eunuques, dans lequel on explique toutes les différentes sortes d'eunuques, quel rang ils ont tenu et quel cas on en a fait, etc. On examine principalement s'ils sont propres au mariage, et s'il leur doit être permis de se marier... par M*** D*** (Ch. Ancillon). *S. l.* (*à la Sphère*), 1707, in-12, demi-rel. mar. vert, dos orné, fil. tête dor. *non rog.*

Bel exemplaire relié sur brochure.

372. Le Guidon des apotiquaires, c'est-à-dire la vraye forme et manière de composer les médicamens. Premièrement traittée par Valérius Cordus. Traduite de latin en françois, et repurgée d'une infinité de fautes (par Pierre Coudemberg). *A Rouen, par Claude Mallard*, 1610, fort vol. in-16, fig. gr. sur bois, vélin.

Edition rare de cette sorte de formulaire où les médicaments composés jouent le principal rôle.
Mouillure ; trou de ver dans la marge inférieure de quelques ff.

373. Raimundi Lulii Maiorici... de Secretis naturæ sive quinta essentia libri duo. His accesserunt, Alberti Magni summi philosophi, de mineralibus et rebus metallicis libri quinq;. Quæ omnia solerti cura repurgata rerum naturæ studiosis recens publicata sunt per M. Gualtherum H. Ryff, Argentinensem medicum. (A la fin :) *Argentorati, apud Balthassarum Beck. Anno XLI Mense Martio* (1541), in-8, fig. gr. sur bois, bas. verte à long grain, dos orné, fil.

Edition très rare.
Exemplaire aux armes du MARQUIS DE MORANTE.

---

374. ❡ In hoc libro continetur (Jacobi Fabri Stapulensis). ❡ Introductorium astronomicum, theorias coporum (*sic*) cœlestium duobus libris complectés : adiecto commentario declaratum (Jodoci Clicthovei). *Parisiis, ex officina Henrici Stephani*, 1517, 66 ff. ch. titre-front. et nombr. fig. gr. sur bois. — Albertus Pighius Campensis acquinoctiorum solsticiorúque inventione. . Ejusdem de ratione paschalis celebrationis. Deque restitutione ecclesiastici Kalendarij... *Venundantur Parisiis in vico divi Jacobi sub scuto Basiliensi, s. d.* (*vers* 1520), 2 parties de xxii et xxx ff. ch. titre dans un encadrement gr. sur bois. — Oratio ejusdem reverendi Patris Domini Mercurii viperæ Beneventani rotæ sacri palatii primarii auditoris et sacræ poenitentiariæ regentis oratio. (A la fin :) *Impressum Romæ .. Anno.. millesimo quingentesimo decimonono...* (1519), 10 ff. non ch. — Ens. 3 ouvrages ou pièces en 1 vol. pet. in-fol. front. et fig. cart. dos de vélin.

Raccommodages ; mouillures.

375. Joannis de Sacrobusto libellus, de Sphaera. Ejusdem autoris libellus cujus titulus est Computus, eruditissimam anni et mensium descriptionem continens. Cum præfatione Philippi Melanth. et novis quibusdam typis, qui ortus indicant. (A la fin de la 1re partie :) *Impressum Vitebergæ. apud Josephum Clug. anno M D.XXXVIII.* (1538), 2 parties en

1 vol. in-8, fig. gr. sur bois, demi-rel. vélin moderne avec coins.

Edition très rare de ce célèbre traité.
Exemplaire grand de marges (témoins); mouillure.

376. Sphæra Joannis de Sacro Bosco, emendata. Eliæ Vineti Santonis scholia in eandem Sphæram, ab ipso auctore restituta. Adjunximus huic libro compendium in Sphæram per Pierium Valerianum Bellunensem : Et Petri Nonii Salaciensis demonstrationem... Vineto interprete... *Lugduni, apud Hugonem Gazæum*, 1606, in-8, planche et 2 tableaux pliés et nombr. fig. gr. sur bois, vélin.

Edition rare de ce célèbre traité.
Mouillure.

---

377. Henrici Cornelii Agrippæ...de Occulta Philosophia liber primus prius Antverpiæ cum Imperatoris sexēnali privilegio emissus duo autem reliqui, quorum index huic appressus est, dabŭtur, ubi primum ita patientur Autoris occupationes. *Parisiis, excudebat Christianus Wechelus*, 1531, pet. in-8, car. ital. 2 pp. de caractères astronomiques. v. f. moderne, dos orné, fil. dent. int. tr. dor.

Edition très rare, parue sous la même date que l'originale, de ce traité qui fit accuser l'auteur de magie.

378. Joannis Bodini, Andegavensis, de Magorum Dæmonomania, seu de testando Lamiarum ac Magorum cum Satana commercio, libri IV... accessit eiusdem opinionum Joannis Wieri confutatio, non minus docta quam pia. *Francofurti, typis Wolffgangi Richteri*, 1603, in-8, vélin à recouvrements.

Taches d'humidité ; cassure à 2 ff. de la préface.

379. La Geomancie et Nomancie des anciens. La Nomancie cabalistique, avec l'Heure du Berger, mises en françois par le sieur (Luc-Antoine) de Salerne. *A Paris, chez l'auteur*, 1669, in-12, bas. brune ant.

Découpure enlevant quelques lignes de texte à la partie supérieure du premier feuillet.

380. Commentarius de præcipuis generibus divinationum, in quo a prophetijs autoritate divina traditis, et a Physicis conjecturis, discernuntur artes et imposturæ diabolicæ, atq; observationes natæ ex superstitione et cum hac conjunctæ : Et monstrantur fontes ac causæ Physicarum prædictionum : Diabolicæ vers ac superstitiosæ confutatæ damnantur ea serie quam tabella præfisca ostendit... Autore Casparo Peucero...

Witebergæ, excudebat Johannes Lufft, 1580, fort vol. in-8, peau de truie estampée. (*Rel. datée de* 1584.)

Edition rare de cet ouvrage sur les Devins, les ruses et impostures de Satan, etc. Il eut un très grand succès et fut traduit en français par Simon Goulard.

BEAUX-ARTS

I. DESSINS ORIGINAUX, AQUARELLES, PEINTURES.

381. Aquarelles. — Réunion de 10 pièces modernes de divers formats.

Bernoise. — *Vues de Boulogne, Bex et du Dol Lake* (Kachmyr) ; 3 pièces par H. Siméon. — *Fleurs* ; 2 pièces par le même. — *Portrait de Samuel Vincent* (joli lavis). — *Une Rue de Mautauban.* — Etc.

382. Bérat (Eustache). — *Chiffonnier normand.* — Dessin a la plume, daté de 1867 (23 1/2 × 15 1/2 cent.)

383. Boucher (attribué à François). Martyre d'un saint traîné par des chevaux. — Deux esquisses, l'une à la sanguine (37 × 25 1/2), l'autre à la plume rehaussée de sanguine (32 1/2 × 25 1/2).

L'une de ces pièces porte la signature : *F. Boucher f.*

384. Calvin et Luther. — Deux portraits de Calvin et un de Luther, exécutés en caractères manuscrits. — Trois dessins a la plume du XVIIe siècle, dont un sur vélin (28 × 22 et 16 × 11 cent.)

Très curieuses pièces.

385. Carmontelle. — *Jeune femme assise et tenant un livre fermé.* — Joli dessin au crayon noir, rehaussé de blanc, monté à la Glomy sur fort bristol (45 × 32 cent.).

386. Delaroche (attribué à Paul). *Etude de nu* (Jeune fille laissant tomber ses derniers voiles), ébauche. — Dessin au crayon.

387. Dessins anciens. — Réunion de 8 pièces de format in-8, in-4 et in-folio.

L'Enfant prodigue, par Gaspard van Opstal (aquarelle). — *Vieille femme assise et préparant la soupe* (crayon noir et sanguine). — *Jeune fille étendant du linge*, genre Watteau (sanguine). — *Portraits de Rubens, Van Dyck, Hollander et Jean Saenredam* (4 dessins à la plume et au crayon). — *Eventail*, par Hamon (dessin à la plume de la première moitié du XIXe siècle).

388. Ecole Allemande du XVIe siècle. — Six dessins a la plume ou rehaussés de lavis, attribués à *Christophe Amberger*, *Hans Sebald Beham*, *Hans Schauffelein* et *Virgile Solis*.

389. ÉCOLE HOLLANDAISE : *Les Foins. — La Moisson. — Les Vendanges. — Le Patinage. — Embarquement d'un troupeau de cochons.* — Ensemble CINQ DESSINS A LA PLUME lavés de bleu du XVIIe siècle (37 1/2 × 27 cent.)

390. GIRARDET (Karl). — Études et esquisses de paysages et de types Suisses. — TRENTE-CINQ DESSINS ORIGINAUX AU CRAYON, remontés sur fort bristol bleu.

391. INITIALES, lettres miniaturées et fragments de manuscrits du XVe siècle. — Réunion de 32 pièces *sur vélin.*

7 initiales et *2 lettres miniaturées* avec personnages, PEINTES EN OR ET COULEUR. — *2 fragments de bordures.* — *15 feuillets* ou fragments de feuillets, dont 4 pages avec une leçon développée en sept ff. *de la main de M. Frossard.* — *4 feuillets d'une Vulgate du XIIe siècle,* dont deux très détériorés, renfermant des fragments de Saint-Marc; notice manuscrite moderne ajoutée. — 2 *grandes peintures sur vélin,* du XVIIe siècle (55 × 36 cent.), dont l'une à moitié effacée, représente un pélican sur son aire et l'autre la Table des pains de proposition.

392. MOREL-FRATIO (Ant.-Léon). — *Marines.* — DIX DESSINS ORIGINAUX au crayon, à la plume, ou rehaussés de blanc, et mesurant de 12 à 20 cent. de hauteur sur 36 à 53 cent. de largeur.

393. PEINTURES PERSANES. — Chasseurs au faucon ; 2 pièces. — Homme en prières. — Homme se préparant à écrire. — Vieillard tenant un arc. — Réunion de CINQ MINIATURES ANCIENNES, peintes en or et couleur (18 × 11 ½ cent.).

394. PEINTURES PERSANES. — Sujets divers : Deux femmes en visite ; Semeur ; Jeune homme en prières ; Jeune femme dans un jardin ; Troupe de danseuses devant un seigneur ; etc. — Réunion de HUIT MINIATURES de diverses époques, peintes en or et couleur.

Deux pièces sont de format in-4 (16 × 13 et 19 × 23 cent.).

395. PEINTURES PERSANES. — Suite de QUINZE MINIATURES ANCIENNES rehaussées d'or, représentant la toilette, les exercices et le repos d'une danseuse.

Jolies miniatures, d'un grande finesse d'exécution, mesurant de 6 à 10 centimètres de largeur sur 13 à 17 centimètres de hauteur.

396. VUES et plans de Temples protestants, croquis d'assemblées synodales, etc. — Réunion de 24 pièces de divers formats *dessinées au crayon, à la plume, ou à l'aquarelle.*

II. RECUEILS D'ESTAMPES, GRAVURES, PORTRAITS, SUITES DE VIGNETTES

397. Les Quatre Livres d'Albert Durer, peinctre et géométrien très excellent, de la proportion des parties et pourtraicts des

corps humains. Traduicts par Loys Meigret Lionnois, de langue latine en françoise. *A Arnhem, chez Jean Jeansz*, 1613, in-fol. nombr. fig. gr. sur bois, v. f. ant. fatigué.

Raccommodages en marge de 2 ff.; mouillures.

398. Le Peintre converty aux précises et universelles règles de son art, avec un raisonnement abrégé au sujet des tableaux, bas-reliefs et autres ornemens que l'on peut faire sur les diverses superficies des bastimens... par A. Bosse. *Paris* (*Bosse*), 1667, in-8, front. et 5 pl. gr. demi-rel. mar. brun, tête dor. ébarbé.

399. Etude sur Jean Cousin suivie de notices sur Jean Leclerc et Pierre Woeiriot, par Ambroise Firmin-Didot; orné d'un portrait inédit de Jean Cousin, de la reproduction photographique des cinq portraits peints par lui et du portrait de P. Woeiriot. *Paris, Firmin Didot*, 1872, gr. in-8, portr. demi-rel. mar. brun.

Bel exemplaire.
ENVOI AUTOGRAPHE de l'auteur à M. GUIZOT.

400. ANDREÆ ALCIATI J. V. C. EMBLEMATA. Elucidata doctissimis Claudij Minois commentarijs : quibus additæ sunt eiusdem auctoris notæ posteriores... *Lugduni, apud hæredes Gulielmi Rovillij*, 1614, in-8, nombr. fig. gr. sur bois, v. f. ant. dos et plats couverts de comp. de feuillage, et à petits fers, tr. dor. (*Rel. anc.*)

Edition peu commune.
Jolie reliure armoriée de l'époque, d'une très bonne conservation.

401. Omnia Andreæ Alciati V. C. Emblemata. Cum commentariis, quibus emblematum detecta origine, dubia omnia et obscura illustrantier per Claud. Minœm J. C. Accesserunt huic editioni Fed. Morelli profess. reg. decani Corollaria et monita. *Parisiis, in officina Richerii*, 1618, fort vol. in-8, titre-front. gr. sur cuivre par Jacques de Weert et nombr. fig. sur bois, vélin.

Mouillure.

402. Blyde inkomst der aller doorluchtighste koninginne, Maria de Medicis, t'Amsterdam, vertaelt vit het latijn des hooghgeleerden heeren Kasper van Baerle... *T'Amsterdam, by Johan en Cornelis Blaeu*, 1639, in-fol. portr. et pl. gr. v. ant. granit, dos orné, fil.

Cette relation de l'Entrée de Marie de Médicis dans Amsterdam est ornée d'un beau portrait de la Reine et de 16 planches de cortèges et scènes allégoriques, par Moyaert, Vrieger, M. de Jonge, gravés par Savry.
Exemplaire de RUGGIERI, avec les PLANCHES COLORIÉES et rehaussées d'or, mais incomplet des planches 9 et 10.

403. Esopus in Europa (ou Réflexions en forme de fables sur les différents gouvernements de l'Europe, en hollandais). *T'Amsterdam, Seb. Pitzold,* 1701, in-4, fig. vélin.

Ouvrage illustré de 40 curieuses caricatures par Romain de Hooghe, et autant de dialogues satiriques en partie dirigés contre la France. Exemplaire du PREMIER TIRAGE.

404. Hogarth Moralized, being a complete edition of Hogarth's works, containing near fourscore copper-plates, most elegantly engraved, with an explanation (by John Trusler) .. *London,* 1768, pet. in-4, portr. front. et nombr. fig. gr. v. ant. rac. dos orné, fil.

Ouvrage rare et recherché.
Légère mouillure ; petites taches.

405. XII Primorum Cæsarum et LXIII ipsorum uxorum et parentum ex antiquis numismatibus, in ære incisæ, effigies : atque corundem earundemque vitæ et regestæ, ex varijs authoribus collectæ per Levinum Hulsium... *Francofurti ad Mœnum. typis Johannis Collitii,* 1597, titre et portraits gr. — Joannis Meursii Athenæ Batavæ. Sive, de Urbe Leidensi et Academiâ claris, qui utramque ingenio suo, atque scriptis illustrarunt : libri duo. *Lugduni Batavorum, apud Andream Cloucquiū et Elsevirios,* 1625, titre-front. 9 pl. ou cartes et portraits gr. — Ens. 2 ouvrages en 1 vol. in-4, titres-front. pl. et nombr. portr. gr. mar. r. dos orné, fil. (*Rel. anc.*)

406. Contrafacturbuch, Ware und lebendige Bildnussen etlicher weitberkümten und hochgelehrten Männer in Teutschland... mit... angehengten Elogiis... durch Christophorum Reusnerum... *S. l.* (*Strassburg*), *Bernhart Jobins,* 1587, in-8, goth. portr. gr. sur bois expliqués par des vers allemands, vélin.

EDITION ORIGINALE, ornée de 103 portraits gravés sur bois par Tob. Stimmer.

407. Icones, sive Imagines virorum literis illustrium, quorum fide et doctrina religionis et bonarum literarum studia, nostra patrumque memoriâ, in Germania præsertim, in integrum sunt restituta. Additis eorundem elogiis diversorum auctorum. Recensente Nicolao Reusnero. Curante Bernardo Jobino. *Argentorati,* 1593, in-8, texte encadré et 100 portr. gr. sur bois, vélin à recouvr. dos orné, fil. à froid, tr. dor. et ciselée. (*Rel. de l'époque*)

Exemplaire interfolié de papier blanc portant de NOMBREUSES NOTES MANUSCRITES de l'époque.

408. Icones sive Imagines virorum literis illustrium qui seculo XV præsertim doctrina Religionis aliarumque bonarum scientiarum tanquam lumina in Germania nostra claruere. Olim à Tobia Stimmero pictore suæ ætatis, perfectissimo ad vivum

expressæ et Nic. Reusnero J. C. cum brevi descriptione eorum vitarum et operum in lucem editæ... *Francofurti ad Mœnum, Typ. Balthasaris Diehlii*, 1719, in-8, 89 portr. gr. sur bois, mar. r. jans. dent. int. tr. dor. (*Hardy.*)

Bel exemplaire.

409. Illustrium Hollandiæ et Westfrisiæ ordinum alma Academia Leidensis... *Lugduni, Batavorum, apud Jacobum Marci et Justum à Colster*, 1614, in-4, 54 portr. et fig gr. sur cuivre, demi-rel. mar. r. dos orné à petits fers.

Raccommodage en marge du titre et du dernier f.

410. Bibliotheca Chalcographica. Illustrium virtute atque eruditione in tota Europa, clarissinorum virorum... collectore Jano Jacobo Boissardo Ves. sculptore, Jan. Theod. de Bry chalcogr... *Francofurti, impensis Johannis Ammonnii, s. d.* (1650), in-4, titre-front. et 235 portr. sur cuivre, bas. ant.

Edition recherchée renfermant les 5 parties publiées réunies pour la première fois, comprenant 235 jolis portraits d'hommes célèbres gravés sur cuivre par Théodore de Bry.

411. Costumes anciens et modernes. Habiti antichi et moderni di tutto il mondo di Cesare Vecellio, précédés d'un essai sur la gravure sur bois par M. Amb. Firmin-Didot. *Paris, Firmin-Didot*, 1859-1863, 3 parties en 2 vol. in-8, texte encadré, front. et nombr. portr. gr. sur bois, demi-rel. mar. vert.

Bel exemplaire avec l'*Essai sur l'histoire de la Gravure sur bois* d'Ambroise Firmin-Didot.

412. Les Seize Nielles du grand Lustre de la cathédrale d'Aix-la-Chapelle, exécutés en 1165, par ordre de l'Empereur Frédéric Ier et de sa femme l'Impératrice Béatrice de Bourgogne. Seize planches tirées à Aix-la-Chapelle sur les gravures originales. *Paris, Tross*, 1859, in-fol. pl. cart.

---

413. Callot (Jacques). — *La Tentation de Saint Antoine.* — Estampe in-folio en largeur.

Rare. — Légère mouillure dans la marge inférieure.

414. Cartes, plans, vues de villes et de monuments, etc. — Réunion de 350 pièces anciennes et modernes, de divers formats.

415. Cipriani (J.-B.). *The Dukes of Northumberland and Suffolk praying Lady Jane Gray to accept the crown*, gr. par Fr. Bar-

tolozzi. — Estampe in-fol. en largeur, gr. en bistre au pointillé et rehaussée de rouge.

Superbe épreuve à toutes marges.

416. DEVÉRIA (A.) : Costumes ; *Le Baiser du matin ; Les Aimables enfants ; Roméo et Juliette ; 2 Heures après midi ;* etc. — Réunion de 15 lithographies in-4 et in-fol. *dont deux coloriées.*

417. DURER (Albert) : *La Cène* (B. 5). — *Saint Elie* (B. 107). — *Saint Jérôme* (B. 113). — *Sainte Madeleine* (B. 121). — *Salomé et Hérodiade* (B. 126). — *Le Calvaire.* — *Der Weltlauf.* — Ensemble 7 planches gr. sur bois de format in-4 et in-fol.

418. — La Petite Passion. — Suite de 35 figures in-8 (sur 37), gr. sur bois, en tirage ancien, fixées dans un album petit in-4. demi-rel. chag. violet.

On a ajouté une double épreuve de 4 des figures et 4 figures bibliques anciennes gr. sur bois. — Ensemble 43 pièces.

419. EAUX-FORTES : Sujets religieux (Deux Madones) ; *Entrée d'Henri IV à Paris* ; etc. — 4 pièces in-4 et in-fol. (dont 3 anciennes), *à l'état d'eau-forte.*

420. ESTAMPES du XVIe siècle, par *Lucas Cranach, Albert Durer, Jacob Lederlin,* etc. — Réunion de 8 planches gravées sur bois, la plupart de format in-4 et in-folio.

421. ESTAMPES anciennes : Sujets religieux, Allégories, Scènes historiques (Guerres de Religion), etc. — Réunion de 84 pièces des XVIe, XVIIe et XVIIIe siècles, de divers formats.

422. ESTAMPES anciennes et modernes, Lithographies, etc., par Callot, Goya, Calame, Charlet, Decamps, Gavarni, Grandville, Tony Johannot, Eug. Lami, H. Vernet et autres ; 36 pièces. — Estampes japonaises ; 23 pièces. — Réunion de 59 pièces de divers formats.

423. ESTAMPES modernes : Sujets religieux, historiques, costumes, paysages, eaux-fortes, etc. — Réunion de 200 pièces de divers formats.

424. FRANCE (Ancienne). *Paris, Impr. lithog. de Thierry frères, s. d.* (1843). — Réunion de 34 planches gravées et lithographiées et la plupart tirées sur Chine, montées sur onglets en 1 vol. grand in-fol. obl. demi-rel, chag. grenat, plats perc.

Recueil factice de vues de monuments, dont 24 de Champagne et de Brie.

425. GUADELOUPE (Vues de la) : *Pointe-à-Pitre après l'incendie.* — *Vue de la Basse-Terre.* — *Un Prêche à la Guadeloupe.* —

6.

Temple près le Moule. — *Le Pain de Sucre aux Saintes*, 1879. — Etc. — Réunion de DOUZE DESSINS au crayon, à la plume, ou au pastel, sur dix feuilles de format grand in-folio.

426. HUGO (Victor). *La Ronde du Sabbat.* (Ode de Victor Hugo ; musique de Niedermeyer). Lithographie de Boulanger. — In-4.

Belle épreuve (accompagnée du feuillet blanc correspondant) de cette superbe et très rare lithographie.

427. JÉRUSALEM (*Panorama de*). — Photographie montée sur toile et mesurant 1m54 × 0m32 cent.

Très belle photographie accompagnée de légendes manuscrites renfermant les noms de 86 monuments ou emplacements, les hauteurs des diverses localités, les données bibliques et celles de Flavius Josèphe.

428. LUIKEN (Jean). *Promulgation de l'Edit de Nantes* (Het Edict van Nantes, werd door Henderik de Vierde...). — Estampe du XVIIe siècle, in-folio en largeur.

429. PAYSAGES, Ruines, arbres et fleurs, etc. — Réunion de 70 *dessins au crayon*, *ou à la plume*, la plupart signés des initiales A. G.

430. PEINTURES sacrées de la Bible. — Suite de 43 figures in-4 oblong (avec texte imprimé au verso), gravées en taille-douce par *Michel Faulte*, *Melchior Tavernier* et *Michel Van Lochom*, dans un album br. recouvert de papier gris.

431. PORTRAIT de Jean Calvin, par Tiziane Vecelli da Cadore, tiré du cabinet de M. le pasteur Ch. Frossard ; photographie in-4, montée grand in-fol.

37 exemplaires.

432. PORTRAITS de Jean Calvin. — Réunion de 28 pièces anciennes et modernes de divers formats.

Parmi ces portraits, nous citerons ceux de *Montcornet* et de *Pierre Woeiriot* (très rare).

433. Portraits de personnages célèbres des XVe et XVIe siècles (Souverains, hommes de guerre, savants, théologiens, etc.....) appartenant pour la plupart à la Religion Protestante. — Réunion de 128 pièces *anciennes* de divers formats.

Portraits de : Bacon, Anne de Boulen, Ant. de Bourbon, Coligny, Du Bartas, Robert Estienne, Henri VIII, Clément Marot, Anne de Montmorency, Mornay, Morus, Maurice d'Orange, Ambr. Paré, Philippe II, Du Perron, Charles-Quint, Ramus, Sully, De Thou, Th. Viaud, etc., etc.

434. PORTRAITS de personnages célèbres du XIVe au XIXe siècle, ayant appartenu pour la plupart à la Religion Protestante. — Réunion de 150 pièces modernes, de divers formats.

Portraits de Galilée, Dante, La Noue, Jeanne d'Albret, Mayenne,

Valentin Conrart, Olivier de Serres, Coligny, Milton, Duplessis-Mornay, Cavalier, Frédéric II, Franklin, J.-J. Rousseau, Mme de Staël, Boissy d'Anglas, Mme Guizot, Mme Cottin, Walter Scott, Byron, Pradier, Lavater, Thiers, etc.

435. PORTRAITS de Réformateurs français et étrangers du XVIe siècle. — Réunion de 60 pièces anciennes et modernes de divers formats.

Portraits de Luther, Mélanchton, Zwingle, Knox, Bucer, Calvin, Farel, Viret, Théodore de Bèze, Marlorat, etc., etc.

436. PORTRAITS de personnages célèbres des XVIIe et XVIIIe siècles (Souverains, littérateurs, hommes de guerre, hommes d'Etat, savants, etc...) appartenant pour la plupart à la Religion Protestante. — Réunion de 80 pièces *anciennes* de divers formats.

Portraits de Barnave, Bayle, Buffon, Catinat, Court de Gébelin, Dacier, Duquesne, Gessner, Grotius, Gustave-Adolphe, Leibniz, Locke, Necker, Nicole, Pellisson, Ruyter, Saint-Evremond, Swift, etc.

437. PORTRAITS de Théologiens et de Pasteurs français et étrangers des XVIIe, XVIIIe et XIXe siècles.— Réunion de 125 pièces anciennes et modernes de divers formats.

Portraits d'Aubertin, Basnage, Blondel, Bochart, Claude, Daillé, Drelincourt, Du Bosc, Jurieu, Léger, Lenfant, Paul Rabaut, Roques, Saurin, Oberlin, Bouvier, Coquerel, Bungener, Adolphe Monod, Vinet, etc., etc.

438. ROSA (Salvator). *Démocrite.* — Estampe in-folio gr. sur cuivre.

Bartsch, n° 7. — Belle épreuve, mais avec deux restaurations.

439. SUISSE : *Neuchâtel* ; 2 vues gr. par Sperli d'après Moritz. — *Neuchâtel, depuis le Tertre*, gr. par Weber d'après Moritz. — *Neuchâtel, le Gymnase*, gr. par Zollinger d'après A. Jeanniot. — *Vue d'une partie du Lac de Thoune,* gr. par Hurlimann d'après Lory fils. — Ensemble 5 pièces in-4 et in-fol. gr. et *coloriées.*

440. TORTOREL et PERRISSIN. Quarante Tableaux ou histoires diverses qui sont mémorables touchant les guerres, massacres et troubles advenus en France en ces dernières années (1559-1570). — Suite de 38 pl. in-fol. obl.

Très importante suite de ces estampes historiques, gravées sur cuivre ou sur bois, extrêmement curieuses et de la plus haute importance sous le triple rapport de l'histoire, des costumes et de l'art.

Il ne manque à cet exemplaire que le Titre et la planche représentant le Siège de Saint-Jean-d'Angely. — Epreuves remontées, très laminées; mouillures et petites cassures ; fortes déchirures à deux pièces.

441. — TORTOREL ET PERRISSIN. 16 pièces de la suite précédente, gr. sur bois ou sur cuivre.

Huit épreuves sont remontées et fortement laminées ; cinq sont doublées et ont des piqûres de vers ; trois sont intactes.

On a ajouté 6 fragments d'autres planches.

442. Tortorel et Perrissin. — Kurtzer Begriff... (Courte Notice de ce qui s'est passé en France depuis la mort du roi Henri II, en l'année 1559 et les suivantes, sous les règnes de François II et de Charles IX). *S. l. n. d.* — Suite de 34 planches gr. sur cuivre et fixées dans un album in-4 oblong, demi-rel. mar. grenat.

Copie en contre-partie, exécutée en Allemagne, des originaux de Tortorel et Perrissin. Les épreuves, à l'exception d'une légèrement tachée, sont en très bon état et sont accompagnées de bandes de papier donnant l'indication du sujet en français.

La suite est bien complète et renferme même les deux planches supplémentaires, que l'on trouve rarement, représentant le *Massacre de la Saint-Barthélemy* et *la Défaite des troupes royales devant La Rochelle.*

443. Voltaire. — Suite de 10 figures in-4, gr. par Duclos, Née, de Launay et autres d'après Gravelot, pour la *Henriade*, édition de *Genève*, 1768.

Très jolie suite. — Petite tache à la première planche.

444. Xylographe. — Planche neuvième de la première édition xylographique de l'*Ars bene moriendi*, d'après le Baron d'Heineken (?). — Planche petit in-folio.

Raccommodage.

BELLES-LETTRES

I. LINGUISTIQUE. — RHÉTORIQUE

445. Chrysoloræ Erotemata. (Questions sur la Grammaire, en grec). — In-8 de 62 pp. vélin moderne à recouvr.

Manuscrit grec de la fin du XVe siècle, sur vélin très fin et d'une très jolie écriture.

446. De vero pronunciatione gr. et latinæ linguæ, commentarii doctiss. virorum. Quorum primus, qui est de pronunciatione græcæ linguæ, Theod. Bezam autorem habet. His non pauca ad harum linguarum cognitionem pertinentia inspersa sunt *S. l. (Genève), excud. Henr. Stephanus,* 1587, 3 parties en 1 vol. in-8, vélin.

447. Paraphrasis, seu potius Epitome inscripta Desiderio Erasmo Roterodamo luculenta juxta ac brevis in elegantiarum libros Laurentij Vallæ, multo quam antea fuit et castigatior et locupletior. Accessit appendix utilissima continens selectas copiæ formulas, in quibus multa sunt per authorem adjecta, nunquam antehac excusa. Addita est et Farrago sordidorum verborum, sive Augiæ stabulum repurgatum per Cornelium Crocum. *Antverpiæ, apud Michaelem Hillenium, in Rapo,* 1539, in-8, car. ital. et lettres ornées, vélin à recouvrements.

Annotations manuscrites de l'époque en marge de plusieurs ff.

448. Cælij Secundi Curionis Schola, sive de perfecto grammatico, libri tres. Ejusdem de Liberis honeste et pie educantis, Libellus... *Basilæ, per Joannem Oporinum, s. d.* (1553). — Libellus novus et elegans D. Erasmi Roterod. de Pueris statim ac liberaliter instituendis... *Dusseldorpij, apud Joannem Oridryum*, 1561. — De Formando studio Rodolphi Agricolæ, Erasmi Roterodami et Philippi Melanchthonis, rationes, cum locorum quorundam indice. *Coloniæ Agrippinæ, ad intersignium Monocerotis, s. d.* (1526?). — Ens. 3 ouvrages en 1 vol. in-8, vélin.

Le premier de ces ouvrages est du célèbre philologue italien Curion qui fut un des plus fougueux adeptes de la Réforme.

449. Rudimenta Grammaticæ, ex P. Rami professoris Regij postrema grammatica, breviter collecta. *Parisiis, ex officina Emanuelis Richardi*, 1578. — P. Rami... grammatica, ab eo denum recognita, et ex variis ipsius scholis ac prælectionibus breviter explicata *Parisiis, ex officina Emanuelis Richardi*, 1578. — Petri Rami... Grammatica græca, præcipué quatenus à latina differt, in libros quatuor digesta... *Francofurti, apud Andream Wechelum*, 1577. — Ens. 3 ouvrages en 1 vol. in-8, vélin.

Intéressante réunion de ces ouvrages recherchés.
Légère mouillure.

450. Glossarium ad Scriptores mediæ et infimæ latinitatis tres in tomos digestum. Accedit dissertatio de Imperatorum Constantinopolitanorum, seu de inferioris ævi vel Imperii, uti vocant, numismatibus... Auctore Carolo Du Fresne, domino du Cange... *Lutetiæ Parisiorum, apud Ludovicum Billaine*, 1778, 5 parties en 3 vol. in-fol. à 2 col. front. et 12 pl. gr. v. ant. granit, dos orné, tr. r.

Ouvrage très recherché.

451. Dictionnaire de l'Académie française. Sixième édition. *Paris, Firmin-Didot*, 1835, 2 tomes en 12 vol. in-4 à 3 col. titres gr. demi-rel. v. brun, dos orné.

Exemplaire provenant de la bibliothèque de M. Guizot, interfolié de papier blanc, avec des ADDITIONS MANUSCRITES AUTOGRAPHES de ce célèbre historien. Il porte en outre sur le faux-titre du tome I l'envoi manuscrit suivant : *Offert par l'Académie française à M. Guizot, membre de l'Institut.*

452. Lexique comparé de la Langue de Molière et des écrivains du XVIIe siècle, suivi d'une lettre à M. A.-F. Didot, sur quelques points de philologie française, par F. Génin. *Paris, Firmin-Didot*, 1846, gr. in-8, demi-rel. chag. bleu.

453. Grammaire Béarnaise suivie d'un vocabulaire français-béarnais, par V. Lespy, professeur au Lycée impérial de Pau. *Pau, Veronese*, 1858, in-8, demi-rel. chag. r.

Envoi autographe de l'auteur sur le titre.

454. Grammaire Basque de Pierre d'Urte. *Bagnères de-Bigorre, Bérot*, 1896-1898, gr. in-8, cart. non rog.

Extrait du Bulletin de la Société Ramond 1896, 1897, 1898. Bagnères-de-Bigorre (Hautes-Pyrénées).

455. Dictionnaire Rouchi-français, par M. G. A. J. Hecart. 3e édition. *Valenciennes, Lemaitre*, 1834, in-8 à 2 col. demi-rel. v. violet. — Dictionnaire du patois de Lille, par M. Pierre Legrand. Deuxième édition, revue et augmentée. *Lille, Vanackere*, 1856, in-12, demi-rel. chag. vert. — Ens. 2 vol.

456. Petri Martinii Morentini Navarri, Grammatica hebræa, recens ab auctore emendata et aucta... Item, Grammatica chaldea quatenus ab hebræa differt. *Rupellæ, ex officina Hieronymi Haultini*, 1597, 2 parties en 1 vol. in-8, vélin à recouvrements.

Légère mouillure.

457. Grammaires Hébraïques. — Réunion de 5 vol. in-8 et in-4, dont 1 cart. et 4 en demi-rel. v. mar. et peau de truie de diverses couleurs.

Gesenius's Hebrew grammar, enlarged and improved by E. Rodiger translated by B. Davies. *London*, 1846. — Grammaire hébraïque, par S. Preiswerk. Troisième édition. *Bâle et Genève*, 1871. — Le même ouvrage. Quatrième édition, refondue. *Bâle et Genève*, 1884. — Histoire de l'art judaïque, par F. de Saulcy. *Paris*, 1864. — Choix de Mélodies hébraïques, par François Vidal. *Paris*, 1868.

458. Johannis Buxtorfii Lexicon chaldaïcum, talmudicum et rabbinicum... *Basilæ, sumptibus et typis Ludovici König*, 1640, fort vol. in-fol. à 2 col. v. ant granit, dos orné, tr. r.

Ouvrage publié après la mort de l'auteur par son fils.

459. Grammaire de la langue Arabe vulgaire et littéraire, ouvrage posthume de M. Savary (avec une interprétation latine), augmenté de quelques contes arabes par l'éditeur (L. Langlès). *Paris. Impr. Impériale*, 1813, in-4, demi-rel. chag. violet, dos orné.

460. Linguistique orientale. — Réunion de 4 vol. in-8 et in-4, dont 1 cart. et 3 en demi-rel. v. et chag. f. ou r.

Essai sur la propagation de l'alphabet Phénicien dans l'ancien monde, par Fr. Lenormant. Tome premier. *Paris*, 1872, 19 pl. — An Elementary grammar of the ancient Egyptian language in the hieroglyphic type, by P. Le Page Renouf. *London* (1875). — Grammaire Arabe à l'usage des élèves de l'Ecole spéciale des langues orientales vivantes, avec figures, par A. J. Silvestre de Sacy. Première partie. *Paris*, 1810, 8 pl. — Grammaire générale Indo-européenne, ou Comparaison des langues grecque, latine, française, gothique, allemande,.. entre elles et avec le Sanscrit, par F. G. Eichhoff. *Paris*, 1867.

461. Demoshenis Orationes (græce ; cum variis lectionibus, commentariis Ulpiani, etc. cura et stud. Guil. Morelli et Dion. Lambini). *Lutetiæ, apud Joannem Benenatum M.D.LXX* (A la fin :) *Lutetiæ Parisiorum, Kalendis Febr. M.D.LXX. Joannes Benenatus absolvebat* (1570), in-fol. de 26 ff. prél. non ch. 798 pp. et 1 f. non ch. pour la souscription, bas. f. ant. dos orné, fil. et comp. à la Du Seuil, tr. dor.

Edition belle et correcte et la meilleure sous cette date.

L'impression, commencée en 1558 par Guillaume Morel, n'en fut achevée qu'en 1570, par Jean Bienné, devenu l'époux de la Veuve Morel.

Exemplaire au chiffre du Collège Royal de Navarre. — Quelques notules manuscrites ; reliure un peu défraichie.

462. M. T. Ciceronis Orationes omnes notis logicis; arithmeticis, ethicis, politicis, historicis, antiquitatis, illustratæ per Jo. Thomam Freigium. *Basileæ, ex officina hæredum Petri Pernæ*, 1583, 2 vol. in-8, peau de truie estampée, tr. r. (*Rel. de l'époque.*)

Curieuse reliure datée de 1585, dont les plats sont ornés d'encadrements renfermant les portraits de Jésus Christ, de saint Jean, saint Pierre et saint Paul, et d'un joli milieu de style oriental. Elle porte la signature d'*Henricus Walram* (H. W.), célèbre relieur allemand du XVIe siècle.

D'après une note écrite sur un feuillet de garde il faudrait 3 volumes à cette édition.

463. P. Rami in Ciceronis Orationes et scripta nonnulla, omnes quæ hactenus haberi potuerunt prælectiones : quarum catalogum versa pagina exhibebit. Recens in unum volumen ordine congestæ, et accuraté emmendata. *Francofurti, apud hæredes Andr. Wecheli*, 1582. — Petri Rami ,. liber de militia C. Julii Cæsaris. Cum præfatione Joannis Thomæ Freigii. *Francofurti, apud hæredes Andræ Wecheli*, 1584. — Ens. 2 ouvrages en 1 vol. in-8, vélin.

Le premier ouvrage est en Édition originale.

Mouillure.

464. Aonii Palearii Verulani Orationes, ad Senatum, Populumque Lucensem. *Lucæ, excudebat Vincentius Busdracus*, 1551, in-4, chag. violet, dos orné, fil. dent int. tr. dor.

Edition originale, très rare, de cet écrit du célèbre controversiste Italien, Antonio della Paglia, qui fut pendu à Rome, en 1570, pour avoir approuvé certaines doctrines de Luther et blâmé l'Inquisition.

Exemplaire aux armes du Marquis de Morante, portant sur le titre le timbre armorié du cardinal Albani, plus tard pape sous le nom de Clément XI.

II. — POÉSIE

465. Hesiodi Ascræi Opera et Dies. J. Spondanus, Rupellanæ provinciæ præfectus recensuit et commentariis illustravit.

Rupellæ (*La Rochelle*), *apud Hieronymum Haultinum*, 1592, in-8, v. f. ant. dos orné, tr. r.

Edition très rare.

466. Commentarii absolutissimi in Pindari, Olympia, Pythia, Nemea, Isthmia. *S. l. excudebat Joannes Le Preux*, 1587, in-4, vélin à recouvrements.

Exemplaire portant sur le titre la SIGNATURE AUTOGRAPHE d'Isaac CHEIRON, célèbre controversiste protestant du XVIIe siècle.
Piqûres de vers.

467. Navis stultifera D. Sebastiani Brant, verum humanæ vitæ speculum. Jacobo Lochero interprete. *Basileæ, per Jacobum Parcum*. (A la fin :) *Basileæ, anno* 1554, in-8 de 62 ff. non ch. 4 fig. sur bois, dont deux au dernier f. demi-rel. mar. vert ant. tr. r.

Poème singulier qui eut une grande vogue à l'époque où il parut.

468. Jean Second. Traduction libre en vers des Odes, des Baisers, du 1er livre des Elégies, et des trois élégies solennelles ; avec le texte latin, par Michel Loraux. *Paris, Michaud*, 1812, in 8, portr. vél. à recouvr.

469. Theodori Bezæ Vezelii Poemata. *Lutetiæ, ex officina Conradi Badij*, 1548, pet. in-8 de 100 pp. portr. au verso du titre, v. f. moderne, dos orné, fil.

ÉDITION ORIGINALE du premier ouvrage de Th. de Bèze ; elle renferme des pièces qui furent jugées trop libres et qui ne figurent pas dans les éditions suivantes.
Exemplaire grand de marges ; nom sur le titre.

470. Theodori Bezæ Vezelii Poematum. Editio secunda, ab eo recognita, Item, ex Georgio Buçhanano aliisque variis insignibus poetis excerpta carmina presertimq ; epigramata. *S. l.* (*Genève*). *Excudebat Henr. Steph. Ex cujus etiam epigrammatis græcis et latinis aliquot cæteris adiecta sunt*, 1569, 2 parties en 1 vol. in-8, v. ant. rac. dos orné.

DEUXIÈME ÉDITION ORIGINALE.

471. Theod. Bezæ Poemata. Psalmi Davidici XXX. Sylvæ. Elegiæ. Epigrammata, cum alia varii argumenti, tum epitaphia, et quæ peculiari nomine iconas inscripsit. Omnia in hac tertia editione, partim recognita, partim locupletata. *S. l. n. d.* (*Genève, Henri Estienne*, 1576), in-8 de 229 pp. cart.

TROISIÈME ÉDITION ORIGINALE, contenant de plus que les précédentes la tragédie française du *Sacrifice d'Abraham* et quelques autres poésies françaises, commençant à la page 187.

472. Theod. Bezæ Poemata. Psalmi Davidici XXX. Sylvæ. Elegiæ. Epigrammata, cum alia varii argumenti, tum epitaphia, et quæ peculiari nomine iconas inscripsit. Omnia, in hac tertia

editione, partim recognita, partim locupletata. *S. l. n. d.* (*Genève, Henri Estienne*, 1576), in-8 de 229 pp. v. ant. granit, fil.

TROISIÈME ÉDITION ORIGINALE.
On a ajouté : Theod. Bezæ Carmina, quæ ad eius poemata antea excusa accesserunt... *S. l. n. d.* 104 pp.
Mouillure.

473. Theodori Bezæ Vezelii Poemata varia. Sylvæ. Epitaphia. Icones. Cato. Elegiæ. Epigrammata. Emblemata. Censorius. Omnia ab ipso Auctore in unum nunc corpus collecta et recognita anno M.D.XCVII. *S. l.* (*Genève, H. Estienne et Jacques Stoer*, 1597-1598), in-4, 45 fig. d'emblèmes, cart.

QUATRIÈME ÉDITION ORIGINALE faite par Venceslaus Merkauski, qui engagea de Bèze à lui confier ses poésies latines pour les faire imprimer.
Exemplaire réglé et bien complet (8 ff. prél. et 372 pp.), avec l'*Abrahamus sacrificans* et l'*Appendix ad poemata*, parties qui, n'ayant été imprimées qu'en 1598, manquent souvent.
Mouillure et petite piqûre dans la marge inférieure des derniers ff.

474. Theodori Bezæ Vezelii Poëmata varia. Sylvæ. Elegiæ. Epitaphia, Epigramm. Icones. Emblemata. Cato censorius. Abrahamus sacrificans. Canticum Canticorum. Omnia ab ipso auctore in unum nunc corpus collecta et recognita. Accessit Jac. Lectii V. Cl. Jonah. seu poetica paraphrasis ad eum vatem. *S. l.* (*Genève*), *excudebat Jacobus Stoer*, 1599, in-16, portr. et nombr. fig. gr. sur bois, mar. r. jans. dent. int. tr. dor. (*Hardy.*)

CINQUIÈME ÉDITION ORIGINALE, plus ample et plus correcte que celles qui l'ont précédée ; elle est augmentée de la traduction en vers du *Cantique des cantiques*. Le titre porte la marque (très petite et sans légende) de Thomas Courteau, imprimeur à Genève (*Silvestre*, n° 1002).
Portrait ancien ajouté représentant Théodore de Bèze à 29 ans.

475. Tumuli duo. Primus, D. Margaritæ Bussuleæ, Sanserninæ, fœminæ illustrissimæ, atque omni virtutum genere ornatissimæ. Alter, illustrissimi et generossissimi Heliodori Tyardæi, Bissiani (par Pontus de Tyard). Addita sunt quædam ab hoc argumento non aliena. *S. l.* (1594), in-4 de 40 pp. v. r. dos orné, fil. à froid.

Recueil très rare de poésies latines et françaises, composées par le célèbre poète Pontus de Tyard, à la mémoire de son neveu Héliodore de Tyard, comte de Bissy, et de sa femme Marguerite de Busseuil. Cette dernière était morte en 1593, à Verdun, emportée par l'explosion d'un baril de poudre, pendant qu'elle distribuait des munitions aux soldats de la garnison. Son mari ne lui survécut que peu. Blessé mortellement en attaquant la ville de Beaune, il y mourut prisonnier du duc de Mayenne, le 25 juillet 1594.
Ce recueil se termine par une curieuse pièce de 150 vers intitulée : *Plainte sur la mort de Moutonne, petite Turquette à Madame de Bissy.*

476. Anthologiæ sacræ libri quatuor, quorum primus et secundus, à Jacobo Billio doctissimo viro, ex probatis utriusque

linguæ theologis collecti, atque Octastichis versibus comprehensi et scholiis illustrati sunt. Tertius, Prosperi Aquitanici sacra epigrammata in D. Aurelij Augustini sententias continet. Quartus, varios Hymnos sacros, pietatem spirantes complectitur. Cum triplici indice... *S. l. apud Jacobum Chouët*, 1591, fort vol. in-16, vélin à recouvrements, dos orné, encadrement d'arabesque et milieu à fers azurés, tr. r. et ciselée. (*Rel. de l'époque.*)

477. Dominici Baudii Amores, edente Petro Scriverio, inscripti Th. Graswinckelio, equiti. *Amstelodami, apud Ludovicum Elzevirium*, 1638, in-12, portr. gr. mar. bleu, dos orné, fil. doublé et gardes de tabis r. tr. dor. (*Rel. anc.*)

Ce Recueil rare et curieux, publié par Scriverius, renferme, outre les lettres et poésies de Baudius, un choix fort bien fait de petites pièces relatives à l'amour et au mariage, entre autres le *Cento Virgilianus in fœminas* de L. Capilupi, le *Centon nuptial* et le *Cupido cruci affixus* d'Ausone, le *Pervigilium Veneris*, la dissertation en vers de Th. Morus, *Qualis uxor deligenda*, etc. — Voir : Willems. *Les Elzevier*, n° 961.

Exemplaire aux armes du Comte de Lagondie. — Hauteur : 134 mill. et demi ; titre doublé.

478. Poème sur la Naissance de Jésus-Christ (traduit librement du poème latin d'Alexandre Morus, par Pérachon, alors protestant). Seconde édition, revue et corrigée. *Paris, chez Olivier de Varennes*, 1669, in-12, mar. bleu, dos orné. fil. dent. int. tr. dor. (*Heldt.*)

479. Aonii Palearii Verulani Opera. Ad illam editionem quam ipse auctor recensuerat et auxerat excusa, nunc novis accessionibus locupletata. Seriem eorum habet pagina quæ Orationes proxime præcedit. *Amstelædami, apud Henricum Wetstenium*, 1696, in-8, mar. r. à long grain, dos orné, fil. tr. dor. (*Rel. anc.*)

Exemplaire sur Grand papier.

480. Parvum Dictionarium poeticum, continens historias poëticas, fabulas, insulas, regiones, urbes, fluvios, montesque insigniores, atque hujusmodi alia : omnibus adolescentibus in poësi versantibus oppido quam necessarium. Collectore Hermanno Torrentino. *Antverpiæ, apud Martinum Nutium*, 1637, in-32, bas. ant. marb. dos orné, tr. r.

Petit livre rare.
Légère piqûre de ver à la marge extérieure des 3 derniers ff.

481. Le Romancero François. Histoire de quelques anciens trouvères, et choix de leurs chansons, le tout nouvellement recueilli par Paulin Paris. *Paris*, *Techener*, 1833, in-8, cart. *non rog.*

Exemplaire sur GRAND PAPIER, tiré à petit nombre, provenant de la Bibliothèque de M. GUIZOT.

482. Œuvres complètes de Rutebeuf, trouvère du XIIIe siècle, recueillies et mises au jour pour la première fois, par Achille Jubinal. *Paris*, *Pannier*, 1839, 2 vol. in-8, demi-rel. cuir de R. avec coins, dos orné.

483. MARGUERITES DE LA MARGUERITE DES PRINCESSES, très illustre Royne de Navarre, *A Lyon*, *par Jean de Tournes*, 1547, 2 parties en 1 vol. in-8, car. ital. fig. sur bois, v. brun, dos orné, dent. à froid, tr. marb.

EDITION ORIGINALE et la plus recherchée des poésies de Marguerite de Valois, reine de Navarre, publiée par Symon Silvius, *dit de la Haye, escuier valet de chambre de la Royne.*

Le titre de la première partie est refait. Les pages 3 et 4 de la première partie ainsi que les pp. 337 à 342 de la seconde manquent. Raccommodages au premier et au dernier f. du volume; mouillure.

484. Clement || Marot. || *A Lyon.* || *Par lean* (II) *de Tournes,* || 1558, || 2 parties en 1 vol. in-16, vign. sur bois, v. f. ant. dos orné, tr. r.

Edition rare, en lettres rondes, faite sur celle sortie des presses de Jean I de Tournes en 1546. Elle se compose de 13 ff. non ch. pour le titre, orné d'un portrait en médaillon de Marot, *l'Ordre des Œuvres*, *l'auteur à son livre et à sa Dame* et la *Table;* 597 pp., et 314 pp.

Le titre de la seconde partie, les *Traductions*, est entouré d'un joli encadrement et les *Métamorphoses d'Ovide* sont ornées de nombreuses vignettes sur bois de Bernard Salomon.

Exemplaire court de marges.

485. Les Odes de P. de Ronsard, gentil-homme Vandomois... commentées par N. Richelet, Parisien. Tome deuxiesme. *A Paris*, *chez Barthelemy Macé*, 1617, in-12, 2 portr. gr. sur bois, bas. brune ant. fatiguée.

Tome II de cette excellente édition.

Mouillures.

486. Le Chansonnier huguenot du XVIe siècle. *Paris*, *Tross*, 1870, 2 parties en 1 vol. in-16 carré, pap. vergé teinté, v. f. dos orné, fil. à froid, non rog.

Bel exemplaire.

487. LA SEPMAINE, OU CRÉATION DU MONDE, de Guillaume de Saluste, seigneur du Bartas. Reveuë et corrigée par l'auteur, avec commentaires, argumens et annotations par Simon Goulard de Senlis. Le tout en meilleur ordre et forme qu'és précédentes éditions. – La Judith de G. de Saluste, seigneur du Bartas.

Reveuë et augmentée d'Argumens, sommaires et annotations *A Paris, chez Michel Gadouleau*, 1583. — Ens. 2 ouvrages en 1 vol. in-4, vélin à recouvrements, dos orné, fil. angles et milieu de feuillage, tr. dor. (*Rel. du XVIe siècle.*)

Exemplaire placé dans une jolie reliure de l'époque ornée de jolies décorations de feuillage, dans le goût des Eve. Elle porte au centre des plats le nom de GUILLAUME VERNON.

488. Les Œuvres poétiques de G. de Saluste, seigneur du Bartas, prince des poètes françois. La première Sepmaine, la seconde Sepmaine, les Pères, la Loy, les Trophées, la Magnificence, Jonas, la Lepanthe, le Cantique de la paix, la Victoire d'Yvry... Le tout nouvellement r'imprimé, avec argumens, sommaires et annotations augmentées, par S. G. S. (Simon Goulart, Senlisien). *S. l.* (*Genève*), *pour Jacques Chouët*, 1601, 2 parties en 1 vol. in-12, vélin à recouvrements.

Edition peu commune dont le titre annonce une troisième partie renfermant la *Judith*, l'*Uranie* et autres pièces, mais qui ne figure pas dans notre exemplaire.
Quelques petites taches.

489. Les Œuvres poétiques de G. de Saluste, seigneur du Bartas, prince des poètes françois. En cette nouvelle édition, est contenu tout ce qu'à esté mis en lumière dudit auteur, tant avant qu'après son decez. Le tout reveu et augmenté avec argumens nouveaux, et un indice des principaux Traictez y contenuz, situé à la fin desdites œuvres. Dernière édition. *A Lyon, par Pierre Rigaud*, 1603, in-12, demi-rel. vélin moderne avec coins.

Edition rare, non citée par Brunet.
Quelques petites taches et légères mouillures.

490. Les Cantiques du Sieur de Maisonfleur, gentilhomme françois. Œuvre excellent et plein de piété auquel de nouveau ont esté adjoustez en ceste dernière édition plusieurs opuscules spirituels recueillis de divers autheurs... *Paris*, *Auvray*, 1586, 4 parties en 1 vol. in-12, vélin marb.

Bonne édition de ces cantiques très estimés, dit-on, de Marie Stuart, qui les lisait sans cesse pendant sa captivité. — Cette édition renferme en outre : *De la grandeur de Dieu et de la cognoissance qu'on peut avoir de luy par ses œuvres, item de la puissance, sapience et bonté de Dieu*, par P. Du Val, évesque de Sée ; *Quatrains spirituels de l'honneste amour*, par Y. R. S. (Yves Rouspeau) ; *Les Quatrains du seigneur de Pybrac... avec les plaisirs de la vie rustique*, etc.
Etienne de Maisonfleur était Bordelais et appartenait à la religion réformée.
Petit trou aux 2 premiers ff.

491. Les Quatrains de Guy du Faur, sieur de Pibrac, conseiller du Roy en son privé Conseil, et Président en sa Cour de Parlement à Paris. Vidi Fabri Pybracii, etc. Gallica Tetrasticha, cum

latina paraphrasi. *S. l.* 1615, 2 parties en 1 vol. in-8, cart. bradel perc. blanche.

Tache d'encre dans la marge extérieure du titre.

492. Les Œuvres de M. François de Malherbe, gentil-homme ordinaire de la Chambre du Roy. *Imprimé à Orléans et se vend à Paris, chez Guignard*, 1659, in-12, vélin.

Bonne édition recherchée.

493. Charanton (*sic*), ou l'Hérésie détruite, poème héroïque par M. Le Noble, ancien procureur général au Parlement de Mets. *A Paris, chez Estienne Michallet*, 1686, in-4, cart. bradel, dos de perc. de couleur.

494. Essay de Pseaumes et Cantiques, mis en vers par Mademoiselle *** (Elis.-Soph. Chéron). *Paris, Michel Brunet*, 1694, in-8, front, et pl. gr. par L. Chéron, v. brun ant.

PREMIER TIRAGE du frontispice et des 24 jolies figures, dessinés et gravés par Louis Chéron, frère de l'auteur.
Quelques petites taches.

495. La Voix des persécutés, Cantate; précédée d'un Discours aux protecteurs de l'Innocence (par Fougeret de Monbron). *Amsterdam, chez Jaques La Caze*, 1754, pet. in-8 de 29 pp. v. f. ant. dos orné, fil. tr. dor.

Rare.

496. Marquis de Paroy : Lettres à M. l'Abbé de Montesquiou et Epitre à mes amis. — L'Intrigomanie, ou l'Institutiade, poëme héroï-comique. — La Punaise, poëme en quatre chants. — La Panthéonide, poëme en quatre chants. — La Quatremériade, ou la Mystifiade, poëme bourgeois-comique en quatre chants. — In-8 de 228 pp. demi-rel. mar. La Vall.

MANUSCRIT ORIGINAL AUTOGRAPHE (?) avec nombreuses corrections et variantes.
L'auteur, associé libre de l'ancienne Académie de Peinture, avait réclamé en 1814 son entrée à l'Institut; mais sa demande fut rejetée sur le rapport de M. Quatremère de Quincy. Le marquis de Paroy s'en vengea par un libelle intitulé : *Opinions religieuses, royalistes et politiques de M. Ant. Quatremère de Quincy* (1816) et par ce recueil de poèmes *qui sont tous demeurés* INÉDITS.

497. Vers, par Emmanuel Arago. *Paris, Paulin*, 1832, in-8, demi-rel. v. f. dos orné.

EDITION ORIGINALE.
ENVOI AUTOGRAPHE de l'auteur.

498. Harmonies de la Glèbe, par Alexandre Lemoine, ouvrier typographe (de Nîmes). *Nîmes, Durand-Belle*, 1847, gr. in-8, portr. br. *couverture*.

499. Las Obros de Pierre Goudelin, augmentados noubelomen de forço Péssos, ambé le Dictionnari sur la Lengo Moundino ... *A Toulouso, per Claude-Gilles Le Camus*, 1713, in-12, v. brun ant.

Bonne édition de ces poésies languedociennes.
Mouillure dans la marge inférieure des premiers ff.

500. Chansons et Pasquilles Lilloises, précédées du portrait de l'auteur et d'une notice sur l'orthographe du Patois de Lille, suivies d'un vocabulaire pour servir de notes et des Airs nouveaux de l'auteur, par Desrousseaux. Ilustrées par E. Boldoduc. *Lille, Cufay-Petitot*, 1857, 3 vol. in-12, fig. et musique notée, demi-rel. chag. r.

---

501. Romancero general, ou Recueil des chants populaires de l'Espagne, Romances historiques, chevaleresques et Moresques. Traduction complète avec une introduction et des notes par M. Damas Hinard, traducteur des Chefs d'Œuvre du Théâtre Espagnol. *Paris, Delahays*, 1844, 2 vol. in-12, demi-rel. v. bleu, dos orné.

Piqûres d'humidité.

502. Les Quatrains de Khèyam, traduits du Persan par J.-B. Nicolas, ex-premier drogman de l'ambassade Française en Perse, Consul de France à Rescht. *Paris, Imprimerie Impériale*, 1867, in-4, demi-rel. mar. brun, tr. marb.

III. THEATRE. — FABLES, ROMANS ET CONTES

503. M. Acci Plauti Comœdiæ in quatuor tomos digestæ. Ex recognitione Francisci Guieti Andini, opera et studio Michaelis de Marolles, abbatis de Villeloin. Cum ejusdem interpretatione gallica. *Lutetiæ Parisiorum, apud Petrum l'Amy*, 1658, 4 vol. in-8, 4 front. gr. v. ant. granit.

Edition recherchée pour la traduction française de Michel de Marolles qui accompagne le texte latin.

504. Théâtre de Hrotsvitha, religieuse Allemande du Xe siècle, traduit pour la première fois en français, avec le texte latin, revu sur le manuscrit de Munich; précédé d'une introduction et suivi de notes par Charles Magnin. *Paris, Benjamin Duprat*, 1845, gr. in-8, fig. demi-rel. mar. brun.

505. Susanna, comœdia tragica, per Xystum Betulium Augustanum. *Coloniæ, Joannes Gymnicus excudebat*, 1541, in-8 de 47 ff. non ch. musique notée, demi-rel. vélin moderne avec coins, titre calligraphié sur le dos.

506. Judith, drama comicotragicum : specimen continens firmissimi civitatis præsidis : Autore Xysto Betuleio. Pro Argentinensi Academia, et novo Theatro. *Argentorati, recudebat Antonius Bertramus*, 1585, in-8 de 58 ff. non ch. demi-rel. vélin moderne avec coins, titre calligraphié sur le dos.

507. Deux Sotties jouées à Genève, l'une en 1523, sur la place du Molard, dite Sottie à dix personnages et l'autre en 1524, en la Justice, dite Sottie à neuf personnages, avec une notice historique par F.-N. Le Roy. *Genève, Gay et fils*, 1868, in-16, mar. orange jans. dent. int. tête dor. non rog. (*Dupré.*)

De la Collection des *Raretés bibliographiques*, tirée à 100 exemplaires. Bel exemplaire, l'un des 4 tirés sur PAPIER DE CHINE (nº 1).

508, Damon et Pythias, ou le Triomphe de l'amour et de l'amitié, tragicomédie (par Samuel Chappuzeau). *A Amsterdam, pour Jean Ravesteyn*, 1657, pet. in-12 de 6 ff. prél. non ch. et 56 pp. br.

EDITION ORIGINALE.

509. Gabinie, tragédie chrétienne (par David-Augustin Brueys). *A Paris, chez Pierre Ribou*, 1699, in-2 de 6 ff. prél. et 72 pp. cart.

EDITION ORIGINALE.
Tache d'encre à la partie supérieure de la page 42.

510. L'Honnête Criminel, ou l'Amour filial, drame en cinq actes et en vers, par M. Fenouillot de Falbaire. Seconde édition... augmentée de l'histoire du héros de la pièce. *Amsterdam et Paris, Merlin*, 1768, in-8, 5 fig. par Gravelot, demi-rel. v. f. avec coins.

L'une des meilleures illustrations de Gravelot.
Petites taches à quelques ff.

511. La Parole et l'Epée. Episodes dramatiques de la Réforme en Allemagne, 1521-1525, par Auguste Robert. *Paris, Didier*, 1868, in-12, mar. r. dos et angles mosaïqués de mar. vert, large dent. à petits fers, tr. dor. (*Bertrand.*)

EDITION ORIGINALE.
Très bel exemplaire provenant de la bibliothèque de JULES JANIN, auquel on a ajouté une LETTRE AUTOGRAPHE signée de l'auteur (4 pages in-8), adressée au célèbre critique pour le remercier d'un élogieux article paru dans le *Journal des Débats*, sur son poème.

---

512. The Hitopadesha : a collection of Fables and tales in sanscrit by Vishnusarma : with the bengali and the english translations revised, Edited by Lakshami Narayan Nyalankar. *Calcutta*, 1830, in-8, texte bengali et traduction anglaise, demi-rel. v. r. avec coins, dos orné.

La meilleure édition de la version bengali de ce recueil de contes et d'apologues, imité du *Pantchatantra*.

513. La Vraye Astrée de Messire Honoré d'Urfé, marquis de Verromé et de Baugé, etc., où par plusieurs histoires et sous personnes de bergers et d'autres, sont desduits les divers effects de l'honneste amitié. Quatriesme partie. *A Paris, chez Anthoine de Sommaville*, 1633, fort vol. in-8, portr. et 12 fig. gr. demi-rel. bas. f. ant. avec coins, dos orné.

Quatrième partie.
Raccommodage; piqûres de vers; mouillure.

514. Histoire comique des Estat et Empire de la Lune par Monsieur de Cyrano Bergerac. *Paris, Charles de Sercy*, 1665, in-12, bas. brune moderne, tr. r.

Ouvrage curieux et très recherché.

515. La Mimographe, ou Idées d'une honnête-femme pour la réformation du Théâtre national (par Restif de La Bretonne). *Amsterdam, Changuion*, 1770, in-8, v. ant. marb dos orné, tr. r.

Ouvrage très rare qui ne fut jamais réimprimé.

516. Les Contemporaines, ou Avantures de plus jolies Femmes de l'âge présent : Recueillies par N.-E. R**.D*-L*-B*** (Restif de La Bretonne) et publiées par Timothée Joly, de Lyon, dépositaire de ses manuscrits. *Leipsick, Büschel*, 1780, in-12, 10 fig. cart.

1re série. Tome VI, orné de 10 figures par Binet.

517. Les Contes drolatiques colligez ez abbayes de Touraine et mis en lumière par le sieur de Balzac, pour l'esbattement des pantagruélistes et non aultres. Cinquiesme édition illustrée de 425 dessins par Gustave Doré. *Se trouve à Paris, ez bureaux de la Société générale de Librairie*, 1855, in-12, fig. vélin à recouvrements, *non rog.*

PREMIER TIRAGE.

518. Vida y hechos del Ingenioso Cavallero Don Quixote de la Mancha, compuesta por Miguel de Cervantes Saavedra. Nueva edicion, coregida y ilustrada don 32 differentes estampas. *Amberes, Verdussen*, 1697, 2 vol. in-8, 2 front. et 32 fig. sur cuivre, v. ant. granit. (*Rel. un peu fatiguée*).

Edition peu commune.

IV. DISSERTATIONS SINGULIÈRES. — CRITIQUES. — SATIRES. POLYGRAPHES. — MÉLANGES

519. Moriæ Encomium, hoc est Stultitiæ laus. D. Erasmo Rot. autore. *Lugduni, apud Seb. Gryphium*, 1540, in-8 de 109 pp.

car. ital. v. f. ant. angles et milieu doré, fil. à froid, tr. dor. (*Rel. de l'époque.*)

Edition rare de ce célèbre ouvrage.
Exemplaire réglé.

520. Les Problèmes de Jérome Garimbert, traduitz de tuscan en françoys, par Jean Louveau d'Orléans. *A Lyon, par Guillaume Roville*, 1559, in-8, titre dans un encadrement gr. sur bois, vélin. (*Rel. un peu fatiguée.*)

Première édition de la traduction de ce recueil de dissertations singulières.
Mouillure.

521. L'Art de connoître les Femmes, avec une dissertation sur l'adultère par le chevalier Plante-Amour (Fr. Bruys). *La Haye, chez Jaques van den Kieboom*, 1730, pet. in-8, vélin.

Edition originale.

522. Petri Rami, professoris Regii, et Audomari Talæi collectaneæ, Præfationes, Epistolæ, Orationes : cum indice totius operis. *Parisiis, apud Dionysium Vallensem*, 1577, in-8, vélin à recouvrements.

Edition originale, rare, de cette réunion de divers opuscules.
On a ajouté : Expositio Arnaldi Ossati in disputationem Jacobi Carpentarii de methodo. *Parisiis, apud Andream Wechelum*, 1564, 19 pp.
Petite déchirure au titre du premier ouvrage.

523. Samuel Petit : Miscellaneorum libri novem Eclogæ chronologicæ. — Variarum Lectionum libri III. — *Parisiis, apud Carolum Morellum*, 1630-1633. — Ens. 3 vol. in-4, v. ant. marb. et vélin.

524. Duo Volumina Epistolarum obscurorum virorum, ad dominum M. Ortuinum Gratium, Attico Lepôre referta, denuo excusa, et a mendis repurgata. Quibus ob stili et argumenti similitudinem adjecimus in calce Dialogum mire festivum, eruditis salibus refertum. *Francofurti ad Mœnum*, 1581, 3 parties en 1 vol. in-8, car. ital. demi-rel. v. f. dos orné.

525. Epistolæ obscurorum virorum ad Dn. M. Ortuinum Gratium. Nova et accurata editio. Cui quæ accessere, sequens contentorum indicat tabella. *Francofurti ad Mænum*, 1643, in-12, vélin.

Cette édition de l'immortel pamphlet d'Ulrich von Hutten, a été imprimée par Jean Maire et s'annexe à la collection elzevirienne (*Willems*, nº 1623). Outre les lettres des hommes obscurs, elle contient divers opuscules satiriques. *De generibus ebriosorum.* — *De fide meretricum in suos amatores.* — *De fide concubinariun in sacerdotes.* — Etc.
Hauteur : 130 mill.

526. Pasquillus ecstaticus non ille prior, sed totus plane alter, auctus et expolitus : cum aliquot aliis sanctis pariter et lepidis

Dialogis. Cœlij Secundi Curionis. *Genevæ, per Joan. Girardum*, 1544, in-8, v. f. moderne, dos orné. fil. dent. int.

Titre jauni; petit grattage.

527. Cœlii Secundi Curionis Pasquillus ecstaticus. Cui accedit Pasquillus theologaster. Tractatus utilissimus ac jucundissimus. *Genevæ apud Petrum Columesium (à la Sphère)*, 1667, pet. in-12, vélin.

Timbre de la bibliothèque de J. Richard sur le titre.

528. Apologie pour Hérodote (Satire de la Société au XVIe siècle) par Henri Estienne. Nouvelle édition, faite sur la première et augmentée de remarques par P. Ristelhuber, avec trois tables. *Paris, Liseux*, 1879, 2 vol. in 8, pap. vergé, br.

529. Les Bas-fonds de la société, par Henry Monnier. *Paris, Jules Claye*, 1862, gr. in-8, vélin blanc, non rog.

Edition originale, tirée seulement à 200 exemplaires numérotés (n° 8).
Envoi autographe de l'auteur sur le faux-titre.

530. Le Conte du Tonneau, contenant tout ce que les arts et les sciences ont de plus sublime et de plus mystérieux, avec plusieurs autres pièces très curieuses par le fameux Dr Swift. Traduit de l'anglois (par Van Effen). *La Haye, Scheurleer*, 1757, 3 vol. in-12, front. et 7 fig. très originales, v. ant. marb. dos orné, tr. r.

531. Adagiorum Chiliades Des. Erasmi Roterodami quatuor cum dimidia ex postrema autoris recognitione... (A la fin :) *Basileæ, per Hieronymum Frobenium, et Nicolaum Episcopium Mense Martio, Anno M. D. LI* (1551), fort vol. in-fol. ais de bois couverts de peau de truie estampée de comp. et de portraits de personnages bibliques et allégoriques.

Exemplaire provenant de la bibliothèque de Renouard.

532. Les Lettres d'Estienne Pasquier, Conseiller et advocat général du Roy en la Chambre des Comptes de Paris. *A Lyon, par Jean Veyrat*, 1597, fort vol. in-16, mar. bleu, dos orné, fil. à froid. dent. int. tr. dor.

Bel exemplaire de cette rare édition. Il provient de la bibliothèque de Félix Solar.

---

533. Theophrasti Eresii græce et latine Opera omnia. Daniel Heinsius textum græcum locis infinitis partim ex ingenio partim e libris emendavit : hiulca supplevit, male concepta

recensuit : interpretationem (Is. Casauboni) passim interpolavit. *Lugduni Batavorum, Henricus ab Haestens*, 1613, in-fol. vélin.

Timbre de bibliothèque ; légère mouillure.

534. Fulvii Ursini in omnia Opera Ciceronis notæ. *Antverpiæ, ex officina Christophori Plantini*, 1581. — Adriani Turnebi commentarii et emendationes in libros M. Varronis de Lingua latina. *Parisiis, apud Gabrielem Buon*, 1566. — Corippi Africani grammatic'. De laudibus Justine Augusti minoris, hebroico carmine, libri IIII, nunc primum e tenebris in lucem asserti ; scholiis etiam et observationibus illustrati, per Michaëlem Ruizium, Assagrium... *Antverpiæ, ex officina Christophori Plantini*, 1581. — Georgii Buchanani Scoti Franciscanus. Varia ejusdem authoris poemata. *S. l.* 1566. — Votiva tabella, quam passus naufragium, et ereptus præsentissimo mortis discrimini Deo Servatori suspendit P. M. (Petrus Molinæus). *Lugduni Batavorum, ex officina Plantiniana, apud Franciscum Raphelengium*, 1592. — Ens. 5 ouvrages en 1 vol. in-8, vélin.

Intéressante réunion d'ouvrages rares et curieux.

535. Olympiæ Fulviæ Moratæ fœminæ doctissimæ ac plane divinæ Opera... Hippolitæ Taurellæ Elegia elegantissima, Quibus Cælij S. C. selectæ epistolæ ac orationes accesserunt. *Basileæ, apud Petrum Pernam*, 1570, in-8, lettres ornées, encadrement gr. sur bois au dernier des ff. prél. demi-rel. v. brun ant. avec coins.

Edition très rare et la plus complète des œuvres d'Olympia-Fulvia Morata, savante italienne de Ferrare, qui se convertit au protestantisme et mourut à Heidelberg, en 1555.

536. Opuscules françoises des Hotmans (François, Antoine et Jean). *A Paris, chez la vefve Matthieu Guillemot*, 1616, 2 parties en 1 vol. in-8, v. ant. marb. dos orné, tr. r.

Recueil curieux et rare. On y trouve le *Traicté de la dissolution du mariage par l'impuissance et froideur de l'homme ou de la femme ;* le *Discours pour l'estude des Loix ;* les deux *Paradoxes de l'Amitié et de l'Avarice ;* le *Don Royal de Jacques, Roi d'Angleterre, au prince Henry son fils ;* le *Traitté de l'Ambassadeur ;* le *Philosophe, ou Advis sur les diverses occupations des hommes ;* etc.

Légère mouillure.

537. Œuvres complettes d'Alexis Piron, publiées par M. Rigoley de Juvigny. *Paris, Lambert*, 1776, 7 vol. portr. gr. — Poésies diverses d'Alexis Piron, ou Recueil de différentes pièces de cet auteur, pour servir de suite à toutes les éditions desquelles on a supprimé les ouvrages libres de ce Poëte... *Paris*, 1801. — Ens. 8 vol. in-8, portr. gr. v. ant. marb. dos orné, tr. r.

538. Jean Le Clerc : Bibliothèque universelle et historique ; 26 vol. — Bibliothèque choisie, pour servir de suite à la Bibliothèque universelle ; 28 vol. — Bibliothèque ancienne et moderne, pour servir de suite aux Bibliothèques universelle et choisie ; 26 vol. (*tomes I à XXVI*). — *Amsterdam*, 1714-1726. — Ens. 80 vol. in-12, frontispices gr. v. f. ant. dos orné, tr. r. (*Rel. uniforme.*)

539. Bibliothèque Elzevirienne. *Paris, Jannet*, 1853-1855, 7 vol. in-12, pap. vergé, cart. perc. r. non rog.

Les Aventures du Baron de Fœneste, par Théodore Agrippa d'Aubigné. — Œuvres françoises de Bonaventure Des Periers ; 2 vol. — Floire et Blanceflor, poèmes du XIIIe siècle. — Mélusine, par Jehan d'Arras. — Les Quinze Joyes de mariage. — Œuvres complètes de Mathurin Regnier.

540. Réimpressions d'auteurs du XVIe siècle. — *Paris, Liseux*, 1876-1879. — Réunion de 4 vol. in-12, br. couvertures.

Les *Juvenilia* de Théodore de Bèze. Texte latin complet, avec la traduction des épigrammes et des épitaphes et des recherches sur la querelle des *Juvenilia*, par A. Machard. — La Civilité puérile, par Erasme de Rotterdam ; traduction nouvelle, texte latin en regard, par Alcide Bonneau. — Arminius. Dialogue, par Ulrich de Hutten, traduit en français pour la première fois, texte latin en regard par Ed. Thion. Frontispice gravé à l'eau-forte par J. Amiot. — Remonstrance aux François pour les induire à vivre en paix à l'advenir (1576).

Ouvrages tirés à petit nombre.

541. Bibliothèque Angloise, ou Histoire littéraire de la Grande-Bretagne, par M. D. L. R. (Michel de La Roche et Armand de La Chapelle). *Amsterdam, Pierre de Coup*, 1717-1727, 30 parties en 15 vol. pet. in-12, v. ant. marb. tr. r.

Collection complète.

542. Extraits des Livres Boudhiques. — 111 feuilles de palmier mesurant 283 × 60 mill., plats de bois.

Manuscrit en langue et écriture *singhalaises*, où se trouvent quelques phrases en *pâli*.

Il débute par deux récits puisés dans le recueil intitulé *Djataka* (Naissances anciennes du Buddha) ; puis viennent : *Histoire de Yaksha joué*, 21e récit du recueil intitulé *Saddharma-Alunkara* (Ornement de la bonne foi). *Uttara Samaneravasta* (Histoire du Moine Uttara) ; etc., etc.

543. Mélanges Arabes, en prose et en vers. — In-4 de 119 ff. demi-rel. v. f. dos orné.

Recueil de pièces manuscrites de différentes époques, ayant pour la plupart un caractère religieux, et appartenant à la littérature des Chiites, ou Musulmans de la secte d'Ali qui maudissent les trois premiers Khalifes et dont les Persans font partie.

Voici les titres de quelques-unes de ces pièces : *Le Poème de Hamra, premier martyr musulman.* — *Vers élégiaques adressés au Prince des Croyants, par Ali Zabi Tateb, le Karamanien.* — *Sur l'unité de Dieu.* —

Quatrains. — *Poème par Abou abd Allah Mohammed ben Said Bousiri.* — *Poème sur les sciences, la langue arabe et la sublimité de la foi,* par le même. — *Lettre sur les hommages à rendre à Ali al Qâdi.* — Etc.

HISTOIRE

I. GÉOGRAPHIE. VOYAGES. — CHRONOLOGIE. — HISTOIRE ANCIENNE

544. La Cosmographie universelle, contenant la situation de toutes les parties du monde, avec leurs proprietez et appartenances. La description des pays et regions diceluy, la grande variété et diverse nature de la terre...les figures et pourtraictz des villes et citez les plus notables, les coustumes, loix et religions de toutes nations. . par Sébast. Munstere. (*A la fin :*)... *Bâle, Henri Pierre,* 1560, in-fol. nombr. pl. et fig. sur bois, v. brun ant.

Ouvrage recherché à cause des nombreuses figures, vues des villes, cartes et armoiries, gravées sur bois, dont il est orné.

Raccommodage au titre ; très petite piqûre de ver en marge des derniers ff. ; légères mouillures.

545. Atlas de Géographie. *Amsterdam, Covens et Mortier et Paris, Jaillot,* 1696-1749. — Réunion de 40 cartes gr. la plupart *coloriées* et montées sur onglets par G. Delisle, de Tillemont, Jaillot, Nolin, Longchamps, etc., en 1 vol. gr. in-fol. demi-rel. bas. f.

Cartes de l'Asie, Afrique, Europe, Angleterre, Suède, Danemark et Norvège, Allemagne, Pays-Bas, Flandre, Brabant, Artois, France, Haute Alsace, Bretagne, Espagne, Portugal, Italie, Hongrie, Empire romain, Grèce, Amérique, Amérique méridionale, Amérique Septentrionale, Canada, Indes et Chine, etc.

546. Voyage autour du Monde, exécuté par ordre du Roi, sur la corvette *La Coquille,* pendant les années 1822 à 1825, et publié... par L.-I. Duperrey, commandant de l'expédition. *Histoire du Voyage.* Atlas. *Paris, Arthus Bertrand,* 1826, grand in-fol. 60 pl. gr. par A. Tardieu et montées sur onglets, demi-rel. chag. violet, tr. marb.

Exemplaire avec les PLANCHES COLORIÉES.

547. Voyages du Chevalier Chardin en Perse et autres lieux de l'Orient. *Paris, Lecointe,* 1830, 20 tomes en 10 vol. in-18, demi-rel. bas. bleue.

De la *Nouvelle Bibliothèque des Voyages.*
Mouillure.

548. Naufrage de la Frégate la Méduse, faisant partie de l'expédition du Sénégal en 1816. Relation contenant les évènemens

qui ont eu lieu sur le radeau, dans le désert de Sahara, à Saint-Louis et au camp de Daccard... par MM. A. Corréard et J.-B.-H. Savigny... Seconde édition... augmentée de notes de M. Brédif, avec le plan du radeau et le portrait du roi Zaïde. *Paris, Eymery*, 1818, in-8, portr. en *couleur* et plan, demi-rel. v. f. dos orné.

---

549. Calendrier historial. *A Lyon, par Jan de Tournes*, 1563, pet. in-8 de 15 ff. non ch. (sur 16), titre dans un encadrement et 12 grandes vign. gr. sur bois, demi-rel. v. f. dos orné.

550. Calendrier historial, où l'on peut cognoistre d'ici à XXVI ans quand il sera Pasque, Lune nouvelle, la lettre dominicale, tant pour l'ancien que nouvel usage. Plus sont adioustées plusieurs choses mémorables advenus en ces derniers temps... *S. l. (Genève), de l'Impr. de Jacob Stoer*, 1595, pet. in-8 de 8 ff. non ch. 12 vign. gr. sur bois, demi-rel. v. f. dos orné.

551. De Ratione temporum, christianis rebus et cognoscendis et explicandis accomodata, liber unus : Theodoro Bibliandro autore. Demonstrationum chronologicarum liber alius, eodem autore. (A la fin :) *Basilæ, ex officina Joannis Oporini... M.D.LI. Mense Martio.* (1551), in-8, car. ital. vélin moderne à recouvr. titre calligraphié sur le dos.

Ouvrage très rare.
Nom gratté sur le titre.

552. Chronicon absolutissimum ab orbe condito usque ad Christum deductum. In quo non Carionis solum opus continetur, verum etiam alia multa eaq; insignia explicantur, adeo ut justæ Historiæ loco occupatis esse possit. Philippo Melanthoni autore. *S. l.* 1560, fort vol. in-16, vélin à recouvrements.

Édition très rare de la *Chronique de Carion*, entièrement refaite par Melanchton, qui y a ajouté un troisième livre, paraissant ici pour la première fois.
Bel exemplaire.

553. Flavii Josephi Operum tomus primus. Decem priores Antiquitatum Judaicarum libros complectens. Sigismundo Gelenio interprete. *Lugduni, apud Seb. Gryphium*, 1555, in-12 réglé, vélin blanc, riches comp. à fers azurés et peints, tr. dor. et ciselée. (*Rel. anc.*)

Joli et curieux spécimen de reliure lyonnaise du XVIe siècle, à compartiments peints et à fers azurés, un peu défraîchi.

554. Histoire des Amazones anciennes et modernes, enrichie de médailles, avec une préface historique pour servir d'introduction, par M. l'abbé Guyon. *A Bruxelles, chez Jean Léonard*, 1741, pet. in-8, 8 pl. gr. v ant, granit, dos orné, tr. r.

555. Chronologia Historiæ Herodoti et Thucydidis recognita, et additis ecclesiæ Christi ac Imperij romani rebus præcipuis, ab initio mundi usq; ad nostram ætatem contexta, David Chytræus. *Rostochii, excudebat Jacobus Lucius*, 1579, in-8, vélin à recouvrements.

Quelques taches d'humidité.

556. Xenophontis (viri armorū et literarū laude celeberrimi) quæ extant Opera (græce). Annotationes Henrici Stephani, multum locupletatæ: quæ varia ad lectionem Xenophontis longè utilissima habent. Editio secunda, ad quam esse factam maximam diligentiæ accessionem, statim cognosces. *S. l. excudebat Henricus Stephanus*, 1581, in-fol. de 6 ff. prél. non ch. 584 pp. et 76 pp. pour les annotations, v. f. moderne, fil. à froid, tr. r. fermoirs en cuivre.

Seconde édition donnée par Henri Estienne, « de beaucoup supérieure à la première » (*Renouard*).
Petit raccommodage au titre; légère mouillure.

557. Alexandri Sardi Ferrariensis, de Moribus ac ritibus gentium lib. III... ejusdem de Rerum inventoribus libri II. ijs maxime, quorum nulla mentio est apud Polidorum nunc primum in lucem editi... *Moguntiæ, per Franciscum Behem*, 1577, 2 parties. — Frossardi nobilissimi scriptoris Gallici, historiarum opus omne, jamprimum et breviter collectum, et latino sermone redditum à Joanne Sleidano. *S. l.*, 1576. — Ens. 2 ouvrages en 1 vol. in-8, car. ital. peau de truie estampée avec portraits au milieu des plats.

Curieuse reliure de l'époque, portant sur le premier plat le portrait de l'Empereur Charles-Quint et sur le second celui de François Ier.

558. Sibyllina Oracula ex vett. codd. aucta renovata et notis illustrata a D. Johanne Opsopœo, Brettano, cum interpretatione latina Sebastiani Castalionis et indice; 2 parties. — Oracula magica Zoroastris cum scholiis Plethonis et Pselli nunc primum editi, e bibliotheca regia, studio Johannis Opsopœi. — Oracula metrica Jovis, Apollinis, Hecates, Serapidis et aliorum deorum ac vatum tam virorum quam feminarum, a Johanne Opsopœo collecta. Item Astrampsychi oneirocriticon à Jos Scaligero digestum et castigatum, græce et latine. *Parisiis*, 1599. — Ens. 4 parties en 1 vol. in-8, titre de la pre-

mière partie dans un bel encadrement gr. par C. de Mallery, fig. gr. vélin moderne.

Edition originale, rare, ornée des portraits des Douze Sibylles gravés en taille-douce.

Tache à la marge inférieure des 4 premiers feuillets.

II. HISTOIRE DES RELIGIONS

1. *Généralités. — Histoire de l'Eglise chrétienne*

559. Histoire critique des Dogmes et des Cultes bons et mauvais, qui ont été dans l'Eglise depuis Adam jusqu'à Jésus-Christ, où l'on trouve l'origine de toutes les idolatries de l'ancien Paganisme, expliquées par rapport à celles des juifs (Par Pierre Jurieu). — Supplément à l'Histoire critique des Dogmes, etc. ou Dissertations par lettres de M. Cuper, bourgmestre de Deventer... sur quelques passages du livre de M. Jurieu. — *Amsterdam chez François l'Honoré,* 1704-1705. — Ens. 2 parties en 1 vol. in-4, 2 front. gr, et 3 curieuses pl. gr. et pliées, cart. *non rog.*

560. Cérémonies et Coutumes religieuses de tous les peuples du monde représentées par des figures dessinées de la main de Bernard Picart avec une explication historique et quelques dissertations curieuses (rédigées par J. F. Bernard, libraire, Bernard, ministre à Amsterdam, Brunzen de La Martinière et autres). *Amsterdam, Bernard,* 1728-1737, 7 vol. — Superstitions Orientales, ou Tableau des erreurs et des superstitions des principaux peuples de l'Orient... Ouvrage orné de plusieurs gravures en taille-douce, par une Société de gens de lettres (Poncelin de La Roche-Tilhac). *Paris, Royez,* 1785, 2 parties en 1 vol. — Ens. 8 vol. in-fol. nombr. pl. gr. demi-rel. bas. violette et v. f. dos orné.

---

561. Histoire de l'Eglise depuis Jésus-Christ jusqu'à présent, divisée en quatre parties... par Monsr Basnage. *A La Haye, chez Pierre Husson,* 1723, 2 vol. in-fol. v. ant. marb. dos orné, tr. r.

562. Ed. Backhouse et Ch. Tylor. L'Eglise primitive jusqu'à la mort de Constantin ; traduit de l'anglais par Paul de Félice, pasteur ; illustré de 24 pl. hors texte et de 6 gravures sur bois dans le texte. *Paris, Grassart,* 1886, in-8, portr. fig. et pl. demi rel. chag brun, tête dor. non rog.

Un des deux exemplaires sur papier de Hollande.

563. Tafereelen der Erste Christenen, bestaande in 92 Konstprenten van Jan Luiken, berymt door Pr Langendyk en C[l]. Bruin. *Te Amsteldam, by de Wed: Barend Visscher*, 1712, in-4, 92 fig. gr. sur cuivre, v. f. dos orné, fil. tr. marb. (*Kaufmann.*)

Ouvrage recherché pour les 92 figures gravées sur cuivre par Jean Luyken, représentant les martyres des premiers chrétiens, dont il est orné.

564. Relation de l'Estat de la Religion, et par quels desseins et artifices elle a esté forgée et gouvernée en divers Estats de ces parties occidentales du monde. Tirée de l'anglois du chevalier Edwin Sandis, avec des additions notables (extraites de Paolo Sarpi, le tout traduit en français par Jean Diodati). *A Genève, par Pierre Aubert*, 1626, in-8, vélin.

Première édition de la traduction de ce célèbre ouvrage.

565. Relation de l'Estat de la Religion, et par quels desseins et artifices elle a esté forgée et gouvernée en divers Estats de ces parties occidentales du monde. Tirée de l'anglois du chevalier Edwin Sandis, avec des additions notables (extraites de Paolo Sarpi, le tout traduit en français par Jean Diodati). *S. l. (Amsterdam, Louis Elzevier)*, 1641. — La Saincte Chorographie, ou Description des lieux où réside l'Eglise chrestienne par tout l'Univers, par P. Geslin. *A Amsterdam, chez Louys Elzevier*, 1641. — Ens. 2 ouvrages en 1 vol. in-12, vélin à recouvrements.

Editions rares, auxquelles Willems (*les Elzevier*, n° 978), consacre une longue note.

566. B. Platinæ Cremonensis opus de vitis ac gestis summorum pontificum ad Sixtum IIII Pont. Max. deductum... Accessit, præter B. Platinæ vitam, brevis quidem, sed longe utilissimus Romanorum Pontificum consiliorum sub illis celebratorum et Imperatorum catalogus. *S. l. (Hollande)*, 1645, fort vol. in-12, ais de bois couverts de peau de truie estampée, fermoirs.

Bonne édition recherchée parce qu'elle donne le texte dans son intégrité primitive et qu'elle s'annexe à la collection elzevirienne. (Willems, *les Elzevier*, n° 1639).
Hauteur : 135 mill.

567. Histoire des Papes, depuis St Pierre jusqu'à Benoit XIII inclusivement (par Fr. Bruys). *La Haye, Scheurleer*, 1732-1734, 5 vol. in-4, front. gr. v. ant. marb. dos orné, tr. r.

Important travail rédigé dans un esprit hostile à la Cour de Rome.

568. Portrait politique des Papes, considérés comme princes temporels et comme chefs de l'Église, depuis l'établissement du Saint-Siège à Rome jusqu'en 1822, par Juan-Antonio Llo-

rente... *Paris, Béchet*, 1822, 2 vol. in-8, demi-rel. v. violet, dos orné.

Léger raccommodage au titre du tome II.

569. Pium Consilium super Papæ Sfondrati dicti Gregorii XIIII Monitorialibus, ut vocant, Bullis et excommunicationis, atque interdicti in Galliæ regem, ecclesiam, et regnum minis, è Francorum maiorum nostrarum exemplis in rebus iisdem repetitum ; A Tussano Bercheto, Lingonensi, è Gallico in latinum sermonem conversum. — De Christianissimi regis periculis: et notata Quædam ad Sfondratæ Pont. Rom. litteras monitoriales ad Cl. V. D. Casparum Peucerum. — *Francofurti, ex officina typographica Martini Lechleri*, 1591. — Ens. 2 ouvrages en 1 vol. in-8, v. f. moderne, dos orné, fil. dent. int.

570. De Joanna Papissa : sive famosæ Quæstionis, an fœmina ulla inter Leonem IV et Benedictum III, romanos Pontifices, media sederit. Auctore Davide Blondello .. *Amstelædami, typis Joannis Blaeu*, 1657. — Familier esclaircissement de la question si une femme a esté assise au siège papal de Rome entre Léon IV, et Benoist III, par David Blondel. Seconde édition, plus correcte que la première. *Amsterdam, chez Jean Blaeu*, 1649. — Ens. 2 ouvrages en 1 vol. in-12, v. ant. granit, dos orné, tr. r.

Le premier ouvrage est la traduction du second.
Exemplaire aux armes de Jean-François-Paul Le Fèvre de Caumartin, évêque de Blois.

571. Le Jubilé de l'an 1700, publié par la Bulle d'Innocent XII, du 28 mars 1699, ou Considérations sur cette Bulle, pour montrer l'abus des jubilez qui se célèbrent depuis quatre cens ans dans l'Église romaine. Le tout enrichi d'un fort grand nombre de médailles et de tailles douces, avec les Cérémonies qui ont été observées à l'ouverture et à la cloture du Jubilé. *A Amsterdam, chez Nicolas Chevalier*, 1701, in-4, front. par Romain de Hooghe, 8 pl. et nombr. fig. gr. demi-rel. v. f. ant. dos orné.

Légère mouillure.

572. Repertorium Inquisitorum pravitatis Hæreticæ, in quo omnia, quæ ad hæresum cognitionem ac S. Inquisitionis forum pertinent continentur. Correctionibus et annotationibus præstantissimorum jurisconsultorum Quintilliani Mandosij, ac Petri Vendrameni decoratum et auctum. *Venetiis, apud Damianum Zenarum*, 1588, in-4, vélin à recouvrements, déboîté.

573. Philippi a Limborch... Historia Inquisitionis, cui subjungitur liber sententiarum inquisitionus Tholosanæ ab anno Christi 1307 ad annum 1323. *Amstelodami, apud Henricum Welstenium*, 1692, 2 parties en 1 vol. in-fol. 9 pl. gr. v. ant. granit, dos orné, tr. r.

574. Le Traictie Intitulé de la differēce des scismes || et des concilles de leglise. Et de la preemi||nence et utilite des cōcilles de la sain||cte eglise Gallicane. Cōpose par || Jan Lemaire de Belges In||diciaire et hystorio||graphe de la || royne. || ¶ Avec lequel sont comprinses plusieurs autres choses curieu||ses et nouvelles et dignes de scavoir. ¶ Sicomme de lentrete||nement de lunion des princes. || ¶ La vraye histoire et non fabuleuse du prince Syach ysmail || dit Sophy. || ¶ Et le sauf conduit que le Souldan baille aux François pour || frequenter en la terre saincte. || ¶ Avec le Blason des armes des Venetiens. || *M. Ve et xj.* || ¶ De peu assez. || (Au recto du dernier f. :) ¶ *Imprime à Paris ou* (sic) *moys de janvier lan Mil. Ve & xij. Pour maistre Jan Lemaire... par Geffroy de Marnef Libraire jure de luniversite de Paris...* (1512), in-4, goth. de 40 ff. non ch. 2 blasons à pleine page et marque de l'imprimeur, demi-rel, v. vert, dos orné.

Seconde et très rare édition, suivie d'un opuscule, en prose et en vers, imprimé avec les mêmes caractères et contenant :

La Légende des Venitiens. || Ou autremēt leur cronicque abregre. Par laquelle est demonstre || le tresjuste fondement de la guerre contre eulx. || ¶ La plainte du desire. || Cestadire la deploration du trespas de feu monseigneur || le Conte de Ligny. || ¶ Les regretz de la dame infortunée || *S. l. n. d.* (*Paris, G. de Marnef*, 1512), goth., de 18 ff. non ch. blason à pleine page et marque de l'imprimeur.

Raccommodages enlevant du texte aux cinq premiers ff. du premier ouvrage et au dernier f. du second.

575. Jacques Lenfant : Histoire du Concile de Pise et de ce qui s'est passé de plus mémorable depuis ce Concile jusqu'au Concile de Constance ; 2 vol. — Histoire du Concile de Constance. Nouvelle édition, enrichie de portraits ; 2 vol. — Histoire de la guerre des Hussites et du Concile de Basle enrichie de portraits ; 2 vol. — *Amsterdam et Utrecht*, 1727-1731. — Ens. 6 vol. in-4, nombr. portr. gr. v. ant. marb. dos orné, tr. r.

576. Histoire des Conciles. — Réunion de 7 vol. in-fol. et in-4, portr. gr. reliés.

Jacques Lenfant : Histoire du Concile de Pise, enrichie de portraits. *Amsterdam*, 1724, 2 tomes en 1 vol. ; Histoire de la guerre des Hussites et du Concile de Basle, enrichie de portraits. *Utrecht*, 1731, 2 tomes en 1 vol. — Fra Paolo Sarpi : Histoire du Concile de Trente traduite de l'italien par Jean Diodati. *Troyes*, 1655 ; Le même ouvrage, traduit par Mr Amelot de La Houssaye. *Amsterdam*, 1704 (*mouillure*) ; Le même ouvrage, traduit de nouveau en françois avec des notes critiques, historiques et théologiques, par Pierre-François Le Courayer. *Amsterdam*, 1751, 3 vol.

577. Histoire des tromperies des Prestres et des moines de l'Eglise romaine, où l'on découvre les artifices dont ils se servent pour tenir les peuples dans l'erreur. Et l'abus qu'ils font des choses de la Religion, contenuës en huit lettres; écrites par un Voyageur (Gabriel d'Emilliane) pour le bien public. *A Rotterdam, chez Abraham Acher*, 1693, 2 tomes en 1 vol. in-8, v. brun ant.

Edition originale.
Le dernier feuillet du tome II manque.

578. Recueil de Pièces sur les Jansénistes, Port Royal et les illuminés de Saint-Médard. *Paris, Auxerre, Soissons*, 1730-1754. — Réunion de 42 pièces en 1 vol. in-4, v. ant. granit, dos orné.

Mandements, déclarations, lettres, appels de MM. les Archevêques, Evêques et chanoines de Paris, Auxerre, Carcassonne, Montauban, Luçon, Saint-Papoul et Soissons. — Arrests du Parlement. — Testaments de MM. Jean-Baptiste Goy, curé de la paroisse de Sainte Marguerite à Paris, Jean-François Penet, curé de la paroisse de Saint-Landry. — Etc.

579. L'Alcoran des Cordeliers, tant en latin qu'en françois, c'est à dire, Recueil des plus notables bourdes et blasphèmes de ceux qui ont osé comparer Sainct François à Jésus Christ, tiré (par Erasme Albère) du grand livre des conformitez, jadis composé (en latin) par frère Barthelemi de Pise, cordelier en son vivant (et traduit en françois par Conrad Badius). Nouvelle édition, ornée de figures par A. Picart. *Amsterdam*, 1734, 2 vol. in-12, front. et 21 fig. par B. Picart, gr. v. f. ant. dos orné, fil. tr. dor. — Légende dorée, ou Sommaire de l'Histoire des Frères Mendians de l'Ordre de S. Dominique et de S. François... (par Nic. Vignier le fils). *Amsterdam*, 1734, in-12, v. ant. marb. dos orné, tr. r. — Ens. 3 vol.

580. Le Mercure Jésuite : ou Recueil des pièces concernant le progrès des jésuites, leurs escrits et différents, depuis l'an 1620 jusqu'à l'année 1626. Le tout fidèlement rapporté par pièces publiques et actes authentiques selon l'ordre des temps (par Jacq. Godefroy). Deuxième édition, reveuë, de beaucoup augmentée, et nouvellement comprise en deux tomes. *A Genève, chez Pierre Aubert*, 1630-1631, 2 vol. in-8, v. f. ant. dos orné, tr. r.

Taches de rousseur inhérentes à la nature du papier.

581. Lettres sincères d'un gentilhomme francois (par Gédéon Flournois, ministre protestant). *A Cologne, par Pierre Marteau*, 1681-1682. 3 parties en 1 fort vol. in-12, vélin.

Ouvrage très rare; c'est un violent pamphlet contre les Jésuites. Il a joui d'une si grande réputation que Sayous l'a jugé digne de figurer dans son *Histoire de la littérature française à l'étranger*.

582. La Légende dorée, par Jacques de Voragine, traduite du latin et précédée d'une notice historique et bibliographique, par M. G. B. (Gustave Brunet). *Paris, Charles Gosselin*, 1843, 2 vol. in-12. vélin à recouvrements, *non rog.*

Rare.

---

583. Historia Flagellantium, de recto et perverso flagrorum usu apud christianos... (auct. Jacobo Boileau). *Parisiis, Joannem Anisson*, 1700, in-12, v. ant. marb.

Edition originale de ce curieux traité, recherché pour son style mordant et les mille traits curieux qu'il renferme.

Piqûre de ver en marge des premiers ff.

2. *Histoire du Protestantisme.*

A. Histoire Générale.

584. L'Estat de l'Eglise, avec le discours des temps, depuis les Apostres jusques à présent (par Jean Crespin). Augmenté et reveu tellement en ceste édition, que ce qui concerne le siège romain, et autres royaumes depuis l'Eglise primitive iusques à ceux qui règnent auiourdhuy, y est en breves annales proposé. *S. l. (Genève)*, 1564, in-8, vign. gr. sur bois, marque de Jean Crespin sur le titre et au verso du dernier f. v. f. ant. dos orné, tr. r.

Ouvrage rare, précédé de : L'Estat de la Religion et République du peuple judaique depuis le retour de l'exil de Babylone jusques au dernier saccagement de Jérusalem, par Paul Eber, ministre de Vuittemberg.., Seconde edition. *S. l. (Genève), chez Jean Crespin*, 1564.

Légère mouillure.

585. Histoire ecclésiastique des Eglises réformées, recueillies en quelques vallées de Piedmont, autrefois appelées Eglises Vaudoises, par Pierre Gilles, pasteur de l'Eglise réformée de la Tour... *A Genève, par Jaques Remondat*, 1656, in-4, demi-rel. v. moderne marb. dos orné.

Ouvrage recherché.

Quelques mouillures et taches d'humidité.

586. Histoire générale des églises évangéliques des vallées de Piémont ou Vaudoises, divisée en deux livres... par Jean Léger. *Leyde, Jean Le Carpentier*, 1669, 2 tomes en 1 vol. in-fol. vélin à recouvrements.

Ouvrage intéressant, recherché et devenu rare. L'auteur, d'abord pasteur et modérateur des Églises des Vallées, fut chassé, privé de tous ses biens, et se réfugia en Hollande où il devint pasteur de l'église wallonne de Leyde.

Incomplet du portrait, du frontispice et de la carte. — Le titre est doublé.

587. Histoire et Doctrine de la Secte des Cathares, ou Albigeois, par C. Schmidt *Paris, Cherbuliez*, 1849, 2 vol. in-8, demi-rel. mar. brun.

Ouvrage rare.
Le titre du tome II manque, il a été remplacé par le premier plat de la couverture.

588. Vitæ Patrum, in usum ministrorum verbi, quo ad ejus fieri potuit repurgatæ per Georgium Majorem. Cum præfatione D. Doctoris Martini Lutheri. (A la fin :) *Impressum Wittembergæ, per Petrum Seitz Anno* 1544, in-8, car. ronds, titre dans un encadrement gr. sur bois, ais de bois couverts de peau de truie estampée.

Ouvrage rare, non cité par Brunet et par Graesse. Il débute par une préface de Martin Luther.
Reliure de l'époque ornée des médaillons de Virgile, Ovide, Cicéron et Jules César. — *Ex-libris* de Rœderer.

589. Historien der heyligen auszerwölten Gottes Zeügen, Bekenern und Martyrern... zü gemeyner auffbauwung der Angefochtenen Kirchen Teütscher nation, beschriben durch Ludovicum Rabus von Memmingen... prediger der Kirchen zü Straszburg. *Straszburg, Samuel Emmel*, 1554-1556, 3 parties ou tomes en 2 vol. in-4, fig. dont 1 vol. avec ais de bois couverts de peau de truie estampée et l'autre en vélin à recouvrements.

Parties 2 à 4 des *Vies des martyrs*, ornées de nombreuses figures gravées sur bois. — Taches.

590. Acta Martyrum, eorum videlicet, qui hoc seculo in Gallia, Germania, Anglia, Flandria, Italia, constans dederunt nomen Evangelio, idque sanguine suo obsignarunt : ab Wicleffo et Husso ad hunc usque diem (par Jean Crespin). *Genevæ, apud Jo. Crispinum*, 1556, 2 parties en 1 vol. in-8, v. f. moderne, dos orné, fil. tr. dor.

Première édition de cette traduction en latin faite par Cl. Baduel.
La marge inférieure du titre est refaite.

591. Actiones et monimenta Martyrum qui Wicleffo et Husso ad nostram hanc ætatē in Germania, Gallia, Anglia, Flandria, Italia, et ipsa demum Hispania, veritatem Evangelicam sanguine suo constanter obsignaverunt *Genevæ, Joannes Crispinus*, 1560, in-4, vélin.

Ouvrage recherché renfermant la vie des martyrs de la Réforme et de leurs prédécesseurs.
Exemplaire grand de marges ; très petite mouillure aux premiers ff.

592. Catalogus Testium veritatis qui ante nostram ætatem Pontifici Romano atque Papismi erroribus reclamarunt (par

Simon Goulart)... *Lugdun. ex typographia Antonij Candidi*, 1597, 2 vol. in-4, portr. gr. sur bois, vélin à recouvrements.

Edition originale, rare.

La partie supérieure du titre du premier volume a été rapportée et semble provenir d'une autre édition. — Légère piqûre de ver au second volume.

593. Histoire des vrays Tesmoins de la vérité de l'Evangile, qui de leur sang l'ont signée, depuis Jean Hus iusques au temps présent. Comprinse en VIII livres contenant Actes mémorables du Seigneur en l'infirmité des siens : non seulement contre les forces et efforts du monde, mais aussi à l'encontre de diverses sortes d'assauts et hérésies monstrueuses. Les préfaces montrent une conformité de l'estat ecclésiastique en ce dernier siècle, à celuy de la primitive Eglise de Jésus Christ (par Jean Crespin). *S. l.* (*Genève*), 1570, fort vol. in-fol. demi-rel. v. olive, dos orné. (*Kaufmann.*)

Incomplet des 6 premiers et des 3 derniers feuillets. Déchirure, mouillures ; raccommodages.

594. Histoire des Martyrs persécutez et mis à mort pour la vérité de l'Evangile, depuis le temps des Apostres jusques à présent. Comprinse en douze livres, contenant les actes mémorables du Seigneur en l'infirmité des siens ; non seulement contre les efforts du monde, mais aussi contre diverses sortes d'assaux et hérésies monstrueuses, en plusieurs provinces de l'Europe, notamment à Rome, en Espagne et es Pays Bas... (par Jean Crespin et continuée par Simon Goulart). Reveuë et augmentée en ceste édition, des deux derniers livres, item de plusieurs histoires et choses remarquables es précédens... *S. l.* (*Genève*), 1608, in-fol. à 2 col. v. f. moderne, dos orné, fil. et milieu doré, tr. dor. fermoirs en cuivre.

Edition très rare, non citée par Brunet.

Bel exemplaire.

595. Histoire des Martyrs persécutez et mis à mort pour la vérité de l'Evangile depuis le temps des Apostres jusques à présent, comprinse en douze livres contenant les actes mémorables du Seigneur en l'infirmité des siens : non seulement contre les efforts du monde, mais aussi contre diverses sortes d'assauts et hérésies monstrueuses, en la pluspart des provinces de l'Europe... (par Jean Crespin et continuée par Simon Goulart). Nouvelle et dernière édition, reveuë et augmentée de grand nombre d'histoires et choses remarquables omises es précédentes... *A Genève, imprimé par Pierre Aubert*, 1619, fort vol. in-fol. à 2 col. demi-rel. v. f. moderne avec coins, dos orné, fil.

Dernière édition et la plus complète de cette histoire, continuée par Simon Goulart.

596. Histoire des Martyrs persécutez et mis à mort pour la vérité de l'Evangile, depuis le temps des Apostres jusques à présent. comprinse en douze livres, contenant les actes mémorables du Seigneur en l'infirmité des siens ; non seulement contre les efforts du monde, mais aussi contre diverses sortes d'assauts et hérésies monstrueuses, en la plupart des provinces de l'Europe... (par Jean Crespin et continuée par Simon Goulart). Nouvelle et dernière édition, revuë et augmentée de grand nombre d'histoires et choses remarquables omises es précédentes... *A Genève, imprimé par Pierre Aubert*, **1619**, in-fol. à 2 col. bas. f. moderne, dos orné, tr. r.

Dernière édition et la plus complète de cette histoire, continuée par Simon Goulart.

597. Märtyrbuch : Dariñen merckliche denckwürdige Reden unda Thten vieler heiligen Märtyrer beschrieben werden, welche nach den zeiten der Apostel, biss auffs jar Christi 1574 hin und wider in Teutschland, Franckreich, Engelland, Schotland, Flandern, Braband, Italien, Hispanien, Portugal, etc., umb der Evangelischen warheit willen jämmertlich verfolget... Worden. Alles nun erst auss den grossen, und in zehen bücher abgetheilten Frantzosischen Actis martyrum von einem frommen Christen fleissig auss gezogen und verteutschet... *Gedruckt zu Herborn* (*Rab*), **1591**, in-8, goth. vélin.

Première édition.

598. Histoire des Vies et faits de trois excellens personnages, premiers restaurateurs de l'Evangile, en ces derniers temps : à sçavoir, de Martin Luther, par Philippe Melancthon ; de Jan Ecolampade, par Vuolfgãg Faber Capito et Simon Grynee ; de Huldrich Zvingle, par Osvaldus Myconius. Le tout traduit nouvellement de latin en françois (de Jean Calvin, par Théodore de Bèze) et mis en lumière. *S. l.* (*Paris*), **1562**, pet. in-8, demi-rel. vélin moderne avec coins.

Petit livre très rare.

599. Icones, id est veræ imagines virorum doctrina simul et pietate illustrium, quorum præcipue ministerio partim bonarum litterarum studia sunt restituta, partim vera religio in variis orbis christiani regionibus nostra patrumque memoria fuit instaurata : additis eorundem vitæ et operæ descriptionibus, quibus adjectæ sunt nonnullæ picturæ quas emblemata vocant. Theodoro Beza auctore. *Genevæ, apud Joannem Laonium*, **1580**, in-4, nombr. portr. et fig. cart.

Edition originale, rare, de cet ouvrage recherché pour les portraits gravés sur bois et les emblèmes dont il est orné.
Mouillure ; petit trou à un f.

600. Icones, id est veræ imagines virorum doctrina simul et pietate illustrium, quorum præcipue ministerio partim bonarum litterarum studia sunt restituta, partim vera religio in variis orbis christiani regionibus nostra patrumque memoria fuit instaurata : additis eorundem vitæ et operæ descriptionibus, quibus adjectæ sunt nonnullæ picturæ quas emblemata vocant. Theodoro Beza auctore. *S. l.* (*Genevæ*), *apud Joannem Laonium*, 1580, in-4, nombr. portr. et fig. sur bois, v. ant. marb. dos orné, tr. r.

Edition originale. -- Mouillure.

601. Les Vrais Portraits des hommes illustres en piété et doctrine, du travail desquels Dieu s'est servi en ces derniers temps pour remettre sus la vraye religion en divers pays de la chrétienté. Avec les descriptions de leur vie et de leurs faits plus mémorables. Plus quarante-quatre emblèmes chrestiens. Traduits du latin de Théodore de Besze (par Simon Goulart). *S. l.* (*Genève*), *par Jean de Laon*, 1581, in-4 de 4 ff. prél. 284 pp. et 2 ff. de table, portr. et fig. sur bois, mar. violet à long grain, tête dor. non rog. (*Levasseur.*)

Edition originale de cette traduction très recherchée, car elle contient plusieurs portraits qui étaient restés en blanc dans l'édition latine.
Petites taches en marge des derniers ff.

602. Præstantium aliquot theologorum, qui romanum Antichristum præcipue oppugnarunt effigies, quibus addita elogia, etc. Auct. Jac. Verheiden. *Hagæ Comitis*, 1602, in-fol. portr. gr. v. f. moderne, dos orné, fil.

Ouvrage rare et recherché surtout à cause des 50 beaux portraits de Réformateurs célèbres dont il est orné.
Le titre manque. — Raccommodage en marge du dernier f.

603. Af-Beeldingen van sommighe in Godts-Woort ervarene Mannem, die bestreden hebben den Roomschen Antichrist. Waer by ghevoecht zinjn de Lof-Spreucken ende Registers harer Boecken... door Iac. Verheiden... *Tot Arnheim, by Jan Janssen*, 1604, in-4, titre front. 50 portr. et une planche gr. sur cuivre, marque de l'imprimeur au recto du dernier feuillet, demi-rel. v. f. moderne.

Recueil très recherché refermant 50 jolis portraits de réformateurs et de théologiens séparés de l'Eglise catholique.
Très petit trou à la page 12.

604. Histoire abrégée des Martirs françois du tems de la Réformation. Avec les réflexions et les raisons nécessaires pour montrer pourquoi et en quoi les persécutés de ce tems doivent imiter leur exemple. *A Amsterdam, chez André de Hoo-*

genhuyse (*à la Sphère*), 1684, in-12, front. gr. v. ant. granit, dos orné.

Ouvrage rare et recherché qui s'annexe à la collection elzevirienne, Exemplaire aux armes de Charles Le Goulx de la Berchère, évêque de Narbonne. — Hauteur : 135 mill.

605. The Lives of the principal Reformers... comprehending the general History of the Reformation, from its beginning, in 1360, by Dr John Wickliffe, to its establishment, in 1600, under Queen Elizabeth, with an introduction... by Mr Rolt. The whole embellished with the heads of the Reformers, elegantly done ine metzotinto, by Mr Houston. *London, Bakewell*, 1759, in-fol. 21 beaux portr. gr. à l'aquatinte par Houston, demi-rel. v. f. avec coins.

606. Biographies des Réformateurs protestants du XVIe siècle. — Réunion 1 opuscule br. 7 vol. in-8 et in-12 reliés et 1 album in-4 de 12 pl. en feuilles, dans un carton.

Vie de Martin Luther, par G. Ad. Hoff. *Paris*, 1860. — Monument élevé à la mémoire de Martin Luther à Worms. Album de 12 statues et de l'ensemble du monument par Ch. Fuhr, reproduites en réduction par M. Valette, photographe. *Asnières*, 1870. — Vie de Ph. Mélanchton, par Ledderhose, traduite de l'allemand par A. Meylan. *Lausanne*, 1855, portr. — Le Trois-centième anniversaire de la mort de Calvin célébré à l'Eglise de l'Oratoire à Paris les 27 et 28 mai 1864. Deux conférences, par G. de Félice. *Paris*, 1864. -- Farel, par L. Junod. *Neufchâtel*, 1865, portr. — G. Goguel : La Vie de Guillaume Farel. *Paris*, 1841 ; Histoire de Guillaume Farel. *Montbéliard*, 1873, portr. — Ulrich Zwingle, par J. J. Hottinger, traduit de l'allemand par Aimé Humbert. *Lausanne*, 1844. — Guy de Brès (1522-1567), par Daniel Ollier. *Paris*, 1883.

607. Histoire du Protestantisme dans divers pays d'Europe. — Réunion de 16 vol. in-16, in-12 et in 8, dont 3 br. et 13 reliés.

Abrégé de l'Histoire des Vaudois, par P. Boyer, ministre. *La Haye*, 1691. — Histoire de la glorieuse rentrée des Vaudois dans leurs vallées. *Paris*, 1879. — The Israel of the Alps, translated from the french of the Rev. A. Muston. *London*, 1852, pl. et fig. — Exposé historique de l'état de l'Eglise réformée des Pays-Bas. *Amsterdam*, 1855. — Les Anabaptistes. Les Hussites, par Van-der-Velde. *Paris*, 1843 (*mouillure*). — Histoire de l'Eglise des Frères de Bohème et de Moravie, par A. Bost. *Paris*, 1844, 2 vol. — La Liberté religieuse et le Protestantisme en Hongrie (par J. Ludwigh). *Paris*, 1860. — Histoire de la réformation de l'Eglise d'Angleterre traduite de l'anglois de M. le Dr Burnet, par M. de Rosemond. *Genève*, 1687, 3 vol. — La Religion des Kouakres en Angleterre (par Ph. Naudé). *La Haye*, 1720. — Le Protestantisme en Espagne. *Paris*, 1827. — La Puissance de la foi, par le D. A. Capadose. *Amsterdam*, 1863, 2 portr. gr. — Generalis Confessio doctrinæ ecclesiarum reformatarum in regno Poloniæ. *S. l.* 1645. — Essai sur l'Histoire religieuse des nations Slaves par le Comte V. Krasinski. *Paris*, 1853.

608. Biographies de Protestants célèbres de Suisse et d'Angleterre. — Réunion de 9 vol. in-12 et in-8, dont 7 reliés.

Essai sur la vie de Jean-Gaspard Lavater (par Mlle Herminie Chavannes, de Lausanne). *Lausanne*, 1844. — Esaïe Gasc, citoyen de Genève, 1748-1813, par Ch. Dardier. *Paris*, 1876. — Henri Pyt, par E. Guers. *Toulouse*, 1850.

— Vie de Henri Martyn, missionnaire aux Indes Orientales et en Perse, traduite de l'anglais (de John Sargent). *Paris*, 1846. — Willeberforce Richemond, publié par le Rév. E. Bickersteth. *Paris*, 1843. — Vie de Madame Winslow, rédigée par Miron Winslow son époux. *Paris*, 1846. — Vie de John Williams, le missionnaire de la Polynésie, traduite de l'ouvrage anglais de M. Ebenezer Prout. *Paris*, 1848. — Vie de Richard Weaver, mineur converti; traduit de l'anglais par F. Estéoule. *Paris*, 1862, portr. gr. — Vie et travaux de Duncan Matheson, par le Rév. J. Macpherson; traduit de l'anglais par Mme A. Dardier. *Genève*, 1874.

609. Buch der Märtyre, und andrer Glaubenszeugen der evangelischen Kirche, von den Aposteln bis auf unsere zeit, von Theodor Fliedner, Pfarrer zu Kaiserswerth am Rhein. Unter Mitwirkung von Gustav Jahn. *S. l. n. d.*, 4 vol. in-8, fig. demi-rel. mar. brun, ébarbé.

610. Jean Sleidan. Histoire ecclésiastique. — Réunion de 7 vol. in-8 et in-12, reliés.

Jean Sleidani commentariorum de statu religionis et republicæ, Carolo Quinto Cæsare, libri XXVI. *Argentorati* (1555). (*Raccommodage au titre*). — Sommaire de l'Histoire de Jean Sleidan, disposée par tables. *Strasbourg*, 1558. — Histoire de l'estat de la religion et république sous l'Empereur Charles cinquième. *Strasbourg*, 1558, 1 tome en 2 vol. (*Raccommodage aux 4 premiers feuillets*). — Le même ouvrage, avec Trois livres des quatre Empires souverains. *S. l.* (*Genève*) *Jean Crespin*, 1559, 2 parties en 1 vol. — De Statu Religionis et republicæ, Carolo quinto, Cæsare, cõmentarii. Additus est liber XXVI. *S. l. Excudebat Conradus Badius*, 1559. — Œuvres. *S. l.* (*Genève*), *Jacob Stœr*, 1597 (*Trou au titre; mouillure*).

611. Historia de Vita et actis reverendiss, viri D. Mart. Lutheri, Veræ theologiæ doctoris, bona fide conscripta, à Philippo Melanthone... *Witebergæ, ex officina Johannis Lufft*, 1549, portr. en médaillon gr. sur bois sur le titre. — Martini Lutheri epistolarum Ferrago, pietatis et eruditionis plena, cum Psalmorum aliquot interpretatione, in quibus multa Christianæ vitæ saluberrima præcepta ceu Symbola quædam indicantur. *Hagnoæ, excudebat Johan. Secer*, 1525. — Ens. 2 ouvrages en 1 vol. in-8, vélin.

Editions très rares.

612. Mémoires de Luther, écrits par lui-même, traduits et mis en ordre par M. Michelet... suivis d'un essai sur l'Histoire de la Religion, et des biographies de Wicleff, Jean Huss, Erasme... et autres prédécesseurs et contemporains de Luther. *Paris, Hachette*, 1837, 2 vol. in-8, vélin à recouvrements, non rog.

Edition de 1835, avec des titres renouvelés.

613. Les Propos de table de Martin Luther, revus sur les éditions originales, et traduits pour la première fois en français, par Gustave Brunet. *Paris, Garnier*, 1844, in-12, vélin à recouvrements.

614. Ouvrages sur Calvin. — Réunion de 12 ouvrages en 7 vol. in-8 et in-12, demi-rel. v. et mar. de différentes couleurs, dos orné.

Calvin et l'Eglise de Genève, par M. Bretschneider, de Gotha ; traduit de l'allemand par G. de Félice. *Genève*, 1822. — Das Leben Johan Calvins des grossen Reformators, von Paul Henry. *Hamburg*, 1835-1844, 3 vol. portr. gr. (*Exemplaire de M. Guizot*). — Calvin d'après Calvin ; fragments extraits des œuvres françaises du Réformateur, par C. O. Viguet et D. Tissot. *Genève*, 1864. — Calvin. Cinq Discours prêchés à Genève le 29 mai 1864 par MM. Oltramare, Coulin, Tournier, Bungener et Gabarel. *Genève*, 1864. — Correspondance française de Calvin avec Louis Du Tillet, chanoine d'Angoulême sur les questions de l'Eglise et du ministère évangélique, découverte et publiée par A. Crotet, premier pasteur à Yverdon. *Lausanne*, 1850. — Etudes comparatives des doctrines de Mélanchton, Zwingle et Calvin par M. Schwabb. *Paris*, 1859. — Etc.

615. De Condemna||tione Hieronymi in Con||cilio Constantiensi. || *S. l. n. d.* (*vers 1520*), in-4 de 4 ff. non ch. car. ronds, cart.

Edition rare et non citée de la fameuse lettre de Pogge à son ami Léonard Arétin, contenant les détails du procès et du supplice de Jérôme de Prague, le disciple de Jean Huss.

616. Historia della vita di Galeazzo Caracciolo, chiamato il signor Marcheze, nella quale si contiene un raro e singolare essempio di costanza, e di perseveranza nella pieta, e nella vera religione (da Nicolao Balbani). *Stampata in Geneva*, 1587, in-16, v. f. moderne, dos orné, fil.

Petit livre très rare.
Raccommodage à l'angle inférieur du titre.

617. H. Bullingeri adversus Anabaptistas libri VI, nunc primum e germanico sermone in latinū conversi per Josiam Simlerum Tigurinum... Addita etiam est Anabaptistarum apologia, in qua causas exponunt curnō ad ecclesias seu sacros cœtus nostros accedant, eodem interprete. *Tiguri, apud Christoph. Froschoverus*, 1560, in-8, demi-rel. vélin moderne avec coins.

Edition rare.
Exemplaire de l'auteur, Josias Simler, célèbre érudit suisse protestant, et biographe de Bullinger ; il porte sa SIGNATURE AUTOGRAPHE sur le titre.
Mouillure.

B. Histoire du Protestantisme en France

618. Histoire ecclésiastique des Eglises réformées au royaume de France, en laquelle est descrite au vray la renaissance et accroissement d'icelles depuis l'an 1521 jusques en l'année 1563, leur reiglement ou discipline, synodes, persécutions tant générales que particulières, noms et labeurs de ceux qui ont heureusement travaillé, villes et lieux où elles ont esté dressées avec le discours des premiers troubles ou guerres civiles, desquelles la vraye cause est aussi déclarée. Divisée en

trois tomes... (par Théodore de Bèze). *A Anvers* (*Genève*), *de l'imprimerie de Jean Rémy*, 1580, 3 vol. in-8, mar. brun, jans. dent. int., anc. tr. marb. conservée.

Edition originale de cet ouvrage très rare et fort recherché, auquel collaborra Jean Des Galards.

619. Les Premiers jours du Protestantisme en France, depuis son origine jusqu'au premier Synode national de 1559, par H. de Triqueti. — In-4 de 260 ff., dans un carton.

Manuscrit portant des annotations et corrections de la main de l'auteur.

620. Documents divers, *manuscrits* et imprimés intéressant l'histoire du Protestantisme aux XVIIe et XVIIIe siècles. — Réunion de 25 pièces.

Edits, lois, arrêts et instructions contre les Protestants; 7 placards ou opuscules, datés de 1662 à 1792. — Certificats de mariage; 2 pièces signées et datées de 1743 et 1754. — *Relation de la mort de Papus dit la Rouvière, martyr*; 16 pages *manuscrites*. — *Complainte sur la mort de De Jubac* (Dezubac) *ministre du St Evangile*; 12 pages *manuscrites*, pet. in-fol. — *Supplique au Roy en faveur des Assemblées*; 6 pages *manuscrites* in-4. — *Avis aux Protestants de France*; 3 pages *manuscrites pet.* in-4. — *Avis aux Protestants sous la croix*; 2 pages *manuscrites* in-fol. — *Lettre de La Haye*, 1698; 2 pages *manuscrites* in-folio. — *Synode national de 1748*; 8 pages *manuscrites* in-4. — Fac-similés de la Révocation de l'Edit de Nantes et autres; 6 pièces. — Etc.

621. Histoire de la Réformation française, par F. Puaux. *Paris, Michel Lévy*, 1859-1863, 7 vol. in-12, demi-rel. mar. brun.

622. Correspondance des Réformateurs dans les pays de langue française, recueillie et publiée avec d'autres lettres relatives à la Réforme et des notes historiques et biographiques par A.-L. Herminjard (1512-1539). *Genève et Paris*, 1866-1878, 5 vol. gr. in-8, demi-rel. mar. brun, ébarbé.

623. Histoire du Protestantisme en France.— Réunion de 9 vol. in-8 et in-12, dont 1 br. et 8 en demi-rel. mar. vert et brun.

Histoire chronologique de l'Eglise protestante de France, par Ch. Drion. *Paris*, 1855, 2 vol. — Histoire populaire du Protestantisme français, par N.-A.-F. Puaux. *Paris* (1894), nombr. portr. — Petite Chronique protestante de France, par A. Crottet. *Paris*, 1846. — Le Procès de Pierre Brully, successeur de Calvin, par Charles Paillard. *Paris*, 1878. — Le Colloque de Poissy, par H. Klipffel. *Paris* (1867). — Louvois et les Protestants, par A. Michel). *Paris* (1870). — Histoire des Camisards, par Eugène Bonnemère. *Paris*, 1869. — Les Réfugiés Français dans le pays de Vaud et particulièrement à Vevey, par Jules Chavannes. *Lausanne*, 1874.

624. Edits, déclarations et arrêts concernant la Religion Réformée. — Réunion de 3 opuscules et 9 vol. in-8 et in-12, brochés et reliés.

Edict du Roy, sur la pacification des troubles de ce royaume, leu et publié le 14 jour de may 1576. *Lyon*, 1576. — Edict du Roy, et déclaration sur les précédents Edicts de pacification, publié à Paris en Parlement le XXV° de febvrier 1590. *Paris*, 1590. — Recueil des Edicts de pacification; ordonnances et déclarations faites par les Rois de France... par P. D. B. (Pierre de Belloy). *Genève*, 1626. — Explication de l'Edict de Nantes par les autres édicts de pacification, déclarations et arrests de réglement par Me P. Bernard, *Paris*, 1666. — L'Irrévocabilité de l'Edit de Nantes, prouvée par les principes du droit et de la politique, par C. A. (Charles Ancillon), docteur en droit. *Amsterdam*, 1688. — Edits, déclaration et arrests concernans la Religion P. Réformée, 1662-1751, précédés de l'Edit de Nantes. *Paris*, *Fischbacher*, 1885. — Etc.

625. Ouvrages sur l'Etat civil et le Mariage des Protestants français. — Réunion de 4 opuscules et 12 vol. in-8 et in-12, brochés et reliés.

Lettres écrites à un Protestant de France au sujet des mariages des Réformés, par un P. de l'Eglise réformée *S. l.* 1730 (*mouillure*). — Mémoire théologique et politique au sujet des mariages clandestins des Protestants de France (par Ripert de Monclar et l'abbé Quesnel). *S. l.* 1755. — Lettres de deux Curés des Cevènes sur la validité des mariages de Protestans, et sur leur existence légale en France (par Gacon de Louancy). *Londres*, 1779, 2 vol. — Recueil de pièces sur l'état des Protestants de France (par Condorcet). *Londres*, 1781 (*Titre manuscrit* ; *mouillure*). — Mémoires sur les moyens de donner aux Protestans un état civil en France, par Gilbert de Voisins. *S. l.* 1788. — Mémoires composés en 1785 et 1786 au sujet des Protestans de France. *S. l.* 1788, 2 tomes en 1 vol. — Discours à lire au Conseil en présence du Roi, par un Ministre patriote sur le projet d'accorder l'état civil aux Protestans. *S. l.* 1788. — De l'état des Protestans de France, par M. Aignan. *Paris*, 1818. — Etc.

626. La Discipline des Eglises pret. Ref. de France, c'est-à-dire l'ordre par lequel elles sont conduittes et gouvernées. Où sont adioustées les observations et résolutions sur chaque article, tirées des actes de leurs prétendus Synodes nationaux. Censurée premièrement et publiée par le sieur de Pras, jadis ministre, et après sa conversion, conseiller en la Cour des Aydes de Montpellier : et puis par feu Monsieur Véron : et maintenant par Antoine Girodon... *A Paris, chez Louis Vendosme*, 1663, pet. in-8, v. f. moderne, dos orné, fil.

Mouillure.

627. La Discipline des Eglises prétendues réformées de France, ou l'ordre par lequel elles sont conduites et gouvernées. Ensemble la manière de baptiser tant les Juifs, les Turcs, et les Payens que les autres infidelles. Avec un ample Recueil des observations et questions faites par les Synodes nationaux sur la pluspart des articles de la discipline. Reveu, corrigé et augmenté. (Censurée par les sieurs du Pras et Véron, revuë, augmentée et corrigée de nouveau par Anthoine Girodon). *A Paris, chez Louis Vendosme*, 1663, pet. in-8, mar. brun jans. dent. int. tr. dor.

628. Discipline des Eglises Réformées de France. — Réunion de 10 vol. in-4, in-8 et in-12, dont 1 br. et 9 reliés.

Pierre Catalon. La Discipline ecclésiastique des Eglises réformées de France. *Orange*, 1658 (*2 exemplaires*). — I. D'Huisseau : La Discipline des

Eglises réformées de France, ou l'ordre par lequel elles sont conduites et gouvernées. *S. l.* 1656 (*Edition originale*); *Saumur*, 1657; *Genève*, 1666; *Charenton*, 1667; *Saumur*, 1669; *Amsterdam*, 1710; *La Haye*, 1760. — La Discipline des Eglises prétendues réformées de France (Censurée par les sieurs du Pras et Véron, revuë, augmentée et corrigée de nouveau par Anthoine Girodon), *Paris*, 1663.

Quelques mouillures.

629. Synodicon in Gallia reformata : or, the acts, decisions, decrees, and canons of those famous national Councils of the Reformed Churches in France... The whole collected and composed out of those renowned Synods... by John Quick... *London, Parkhurst and Robinson*, 1692, 2 vol. in-fol. portr. et front. gr. v. f. moderne, dos orné, fil. à froid.

630. (Actes ecclésiastiques et civils de) tous les Synodes nationaux des Églises Réformées de France, auxquels on a joint des mendemens roiaux, et plusieurs lettres politiques sur ces matières synodales, intitulées doctrine, culte, morale, discipline, cas de conscience, erreurs... et jugemens définitifs concernant les édits de pacification et leurs infractions, les places de sûreté et leurs gouverneurs, les chambres mi-parties et leurs conseillers... par Monsieur Aymon, théologien et jurisconsulte réformé. *La Haye, Charles Delo*, 1710, 2 vol. in-4, portr. et front. gr. demi-rel. v. brun, dos orné, non rog.

Exemplaire provenant de la bibliothèque de M. Guizot.

631. Procès-verbaux du Synode général de l'Eglise Réformée de France. Session de 1872. *Paris, Maréchal*, 1872, gr. in-8 à 2 col. papier vergé, mar. rouge jans. dent. int. tête dor. ébarbé.

632. Histoire du Synode général de l'Eglise Réformée de France. Paris, juin-juillet 1872, par Eugène Bersier. *Paris, Sandoz et Fischbacher*, 1872, 2 vol. in-8, demi-rel. mar. brun, tête dor. ébarbé.

633. XXXe Synode général de l'Eglise Réformée de France, Première session, tenue à Paris du 6 juin an 10 juillet 1872. (Seconde session, tenue à Paris du 20 novembre au 3 décembre 1873). Procès-verbaux et actes publiés par l'ordre du Synode. *Paris, Martinet*, 1873, 2 parties en 1 vol. in-4, front. gr. sur bois et carte en couleur, v. f. tr. r.

634. Recueil des Actes et décisions du Synode officieux tenu à Paris du 25 novembre au 5 décembre 1879. — Actes et décisions du Synode général officieux des Eglises évangéliques réformées de France tenu à Marseille du 18 au 26 octobre 1881. — Actes et décisions du Synode général... tenu à Nantes du 11 au 18 juin 1884. — *Paris, Maréchal*, 1884-1884.

— Ens. 3 ouvrages en 1 vol. gr. in-8, mar. noir, fil. à froid, tête dor. ébarbé.

Exemplaire auquel on a ajouté un DESSIN AU CRAYON, rehaussé d'aquarelle, représentant une séance d'un Synode.

635. Documents, procès-verbaux et histoire des Synodes généraux et provinciaux; assemblées et conférences pastorales, etc., tenus pendant les années 1735 à 1893. — Réunion de 7 opuscules et 28 vol. in-12, in-8 et in-4, brochés et reliés.

636. Conseil à la France désolée, auquel est montré la cause de la guerre présente et le remède qui y pourroit estre mis : et principalement est avisé si on doit forcer les consciences (attribué à Séb. Castalion, ou Chateillon). *S. l. L'an* 1562, pet. in-8 de 96 pp. demi-rel. vélin moderne avec coins.

Cet opuscule, que Castalion désavoua, fut condamné par le Synode national de Lyon, en 1563, comme une pièce très dangereuse.

637. — 1564-1621. Daniel Chamier. Journal de son voyage à la Cour de Henri IV en 1607 et sa biographie publiée pour la première fois d'après les manuscrits originaux, avec de nombreux documents inédits, par M. Charles Read. *Paris*, 1858, gr. in-8, portr. gr. et tableau généalogique plié, demi-rel. mar. brun, non rog.

Bel exemplaire.

638. Déclaration du Roy sur la paix qu'il a donnée à ses subjects de la Religion pretenduë réformée, confirmant les précédents Edicts de pacification. Publiée en Parlement le vingt uniesme novembre 1622. *Paris, Fed. Morel et P. Mettayer*, 1622, in-8 de 16 pp. mar. r. jans. dent. int. tr. dor. (*Closs.*)

639. Les Cahyers présentez au Roy, par les Députez généraux des Églises réformées de France. Ensemble la response de Sa Majesté sur iceux. *S. l.* 1623, in-8 de 16 pp. demi-rel. vélin moderne.

640. Arrests du Conseil privé du Roy. Portant règlement pour les Ministres de la Religion prétenduë réformée. *A Paris, Jouxte la coppie imprimée à Roüen, par Martin Le Mesgissier*, 1634, in-8 de 13 pp. cart. bradel, perc. blanche.

641. Articles particuliers extraits des généraux, que le Roy a accordez à ceux de la Religion prétenduë réformée : Lesquels Sa Majesté n'a voulu estre comprins esdits généraux, ny en l'édict qui a esté fait et dressé sur iceux, donné à Nantes au mois d'avril 1598. Et neant moins a accordé Sa dite Majesté, qu'ils seront entièrement accomplis et observez, tout ainsi que

le contenu au dit édict. *A Paris, par A. Estienne*, 1644, in-8 de 23 pp. demi-rel. vélin moderne, titre calligraphié sur le dos.

642. Apologie de Louis Le Masson, docteur en théologie, cy-devant prestre et curé en l'Eglise romaine. Contenant les motifs qui l'ont obligé d'embrasser la communion des Eglises réformées. La conduite de Dieu sur luy dans les commencement et progrez de sa vocation. Le retardement et la longue résistance qu'il y a apporté. Les combats d'esprit soufferts dans la recherche de la vérité, avec le récit de quelques persécutions qui luy sont survenuës. *Sur l'imprimé à Montauban*, 1658, in-8, cart.

Exemplaire court de marges.

643. Réflexions sur la cruelle persécution que souffre l'Eglise réformée de France et sur la conduitte et les actes de la dernière assemblée du Clergé de ce royaume... (par P. Jurieu). Seconde édition, corrigée et augmentée de divers faits considérables du dernier Edit pour l'anéantissement des Edits de Nantes et de Nîmes, avec quelques remarques et de quatre lettres à ceux qui ont été forcez d'entrer dans la Communion de Rome. *S. l.* 1685, in-12, mar. r. jans. dent. int, tr. dor. (*Hardy*.)

Bel exemplaire.

644. Histoire de l'Edit de Nantes, contenant les choses les plus remarquables qui se sont passés en France avant et après sa publication, à l'occasion de la diversité des religions, et principalement les contraventions, inexécutions, chicanes, artifices, violences et autres injustices, que les Réformez se plaignent d'y avoir souffertes, jusques à l'Edit de révocation en octobre 1685, avec ce qui a suivi ce nouvel Edit jusques à présent (par Elie Benoist, ministre à Delft). *Delft, Adrien Beman*, 1693-1695, 5 vol. in-4, front. gr. v. ant. granit.

Cette histoire, remplie de détails minutieux et des plus véridiques, et renfermant un tableau des plus poignants des injustices et des violences dont les protestants furent victimes, causa une si profonde sensation que le P. Thomassin crût devoir la réfuter en justifiant la conduite de Louis XIV.

645. Les Entretiens des Voyageurs sur la Mer (par Gédéon Flournois, pasteur à Genève). Nouvelle édition revûë et corrigée, avec des figures en taille douce. *La Haye, chez Isaac vander Kloot*, 1740, 4 vol. in-12, 37 fig. gr. v. ant. marb. dos orné, tr. r.

Ouvrage rare et intéressant et qui eut beaucoup de succès au XVIIe siècle. Il contient de nombreux détails sur les mœurs, les idées et les souffrances des Protestants de France à l'époque de la Révocation de l'Edit de Nantes.

646. Lettre de M. l'Evêque d'Agen (de Chabannes) à M. le controlleur général contre la tolérance des Huguenots dans le royaume. *A Agen, ce 1. May* 1751, 8 pp. — Lettre du Curé de L*** à M. l'Evêque d'Agen au sujet de celle que ce prélat a écrite à M. le controlleur général contre la tolérance des Huguenots dans le royaume. *S. l. ce 1. Juin* 1751, 8 pp. — Le Patriote françois et impartial (Antoine Court), ou Réponse à la lettre de M. l'Evêque d'Agen à M. le contrôleur général contre la tolérance des Huguenots, en datte du premier may 1751. *S. l. ce 31 Juillet* 1751, 79 pp. — Mémoire historique de ce qui s'est passé de plus remarquable au sujet de la Religion réformée, en plusieurs provinces de France, depuis 1744 jusqu'à la présente année 1751 (par le même). *S. l. ce 30 Juin* 1751, 36 pp. et 1 f. non ch. pour l'errata. — Ens. 4 ouvrages ou pièces en 1 vol. in-4, cart.

Editions originales.

647. Portraits des hommes célèbres qui ont opéré en France la révolution religieuse qui suivit la révocation de l'Edit de Nantes; publiés par les Réfugiés françois en Angleterre, et tirés des manuscrits du comte de Maurepas. *S. l. n. d.* (*Paris*, 1792), in-8 de 30 pp. portr. gr. demi-rel. mar. grenat, dos orné.

Extrait du tome III des Mémoires de Maurepas, publiés par J.-L. Soulavie, illustré de 11 portraits ou caricatures grotesques représentant les principaux tyrans des protestants de France.
Mouillure.

648. Histoire des Eglises du Désert chez les Protestants de France, depuis la fin du règne de Louis XIV jusqu'à la Révolution française, par Charles Coquerel. *Paris, Cherbuliez*, 1841, 2 vol. gr. in-8, demi-rel. v. brun, dos orné, non rog.

649. Les Synodes du Désert. Actes et Règlements des Synodes Nationaux et provinciaux tenus au Désert de France, de l'an 1715 à l'an 1793, publiés avec une introduction et des notes par Edmond Hugues. Seconde édition ornée d'un portrait de l'auteur. *Paris, Grassart*, 1891, 3 vol. gr. in-8. portr. pl. et fac-similés, br.

650. Recueil de différentes pièces sur l'affaire malheureuse de la famille des Calas. *S. l. n. d.* (*Paris*, 1762-1767). — Réunion de 9 pièces en 1 vol. in-8, v. ant. marb. tr. r.

651. Biographies de Protestants français des XVIIIe et XIXe siècles. — Réunion de 10 vol. in-12 et in-8, demi-rel. mar. brun, bleu et r.

Pierre Durand (1700-1732), par J. L. Meynadier. *Valence*, 1864. — Jaques Saurin, par MM. J. Gaberel et Des Hours-Farel. *Genève*, 1864. — Benjamin du Plan, par D. Bonnefon. *Paris* (1876). — Sirven, par Camille Rabaud. *Mazamet*, 1858, front. et fig. — Jean-Bon Saint-André, par Michel Nicolas. *Montauban*, 1858. — William Monod. Souvenir pour ses amis, publié par la section vaudoise de la Société de N.-Zofingue. *Lausanne*, 1866. — Alexandre Vinet, par E. Rambert. *Lausanne*, 1875, portr. — Henri Sarasin, par Ernest Naville. *Genève*, 1862. — Etc.

652. Archives du Christianisme au dix-neuvième siècle (M. Juillerat, fondateur rédacteur), *Paris*, 1818 (*origine*) 1830, 13 vol. in-8, pl. et portr. demi-rel. bas. f. dos orné.

Exemplaire provenant de la Bibliothèque de M. Guizot.

653. Société chrétienne du Nord. Assemblées générales de la Société chrétienne protestante du Nord du 18 août 1844, premier anniversaire, au 29 juin 1893, cinquantième anniversaire. *Saint-Quentin et Le Cateau*, 1844-1893, 9 vol. in-8, demi-rel. v. brun et f. dos orné.

Collection complète jusqu'en 1893, moins les exercices 5 à 8 (1847-1850) qui n'ont pas été publiées séparément. — Le 25e anniversaire (1867) est en double.

654. Journaux protestants. — Réunion de 38 vol. de divers formats, dont 17 brochés ou en livraisons et 21 reliés.

Le Semeur. *Paris*, 1832-1843, 10 vol. (*Tomes I à III, V, VI et VIII à XII*). — Le Prédicateur évangélique. *Orléans*, 1838-1840, 3 vol. (*Tomes I à III*). — Revue théologique. *Montauban*, 1841-1842, 2 vol. (*Tomes I et II*). — La Voix du Nord. *Lille*, 1846, 1 vol. (*Tome I*). — Le Magasin des Ecoles du dimanche. *Paris*, 1851-1852, 2 vol. (*Tomes I et II*). — Revue de Théologie publiée sous la direction de T. Colani. *Paris*, 1854, 1 vol. (*Tome VIII*). — Etrennes religieuses. *Paris*, 1858 et 1864, 2 vol. — Revue de Droit, de jurisprudence et de statistique à l'usage des Eglises protestantes de France et d'Algérie, publiée par Edgar Trigant-Geneste. *Paris*, 1884 (*origine*) à mai 1901, 17 vol. (*Collection complète jusqu'en mai 1901, moins 6 livraisons*).

655. Bulletins de Sociétés protestantes. — Réunion de 70 opuscules brochés et 26 vol. in-8, reliés.

Assemblées générales de la Société évangélique de France (1833-1883, du premier au cinquantième anniversaire). *Paris*, 1834-1883, 6 vol. — Société chrétienne protestante de Bordeaux. *Bordeaux*, 1835-1845, 1 vol. — Société du Sou protestant. *Paris*, 1847 (*origine*) 1887, 4 vol. — Société Biblique de France. *Paris*, 1864 (*origine*) 1894, 6 vol. — Rapports de la Société pour l'encouragement de l'instruction primaire parmi les Protestants de France. *Paris*, 1872-1884, 3 vol. — Bulletin de la Société. *Paris*, 1876-1883, 1 vol. — Evangélisation du département de l'Ain et autres localités. *Genève*, 1872-1884, 1 vol. — Société des intérêts généraux du Protestantisme français. *Paris*, 1842-1849. 1 vol. — Notice sur la Société de l'Histoire du Protestantisme français, 1852-1872. *Paris*, 1874. — Etc.

656. Almanachs et Annuaires protestants. — *Paris et Bruxelles*, 1799-1887. 47 vol. ou opuscules in-12, brochés et reliés.

Almanach des Protestants : Années 1799, 1808 à 1810, 1821, 1841 à 1845, 1847 à 1860. — Annuaire protestant : Années 1855 à 1859, 1861 à 1870, 1873, 1878, 1882. — Almanach du Sou protestant : Années 1878 à 1887. — Etc.

657. Histoire de la persécution faite à l'Eglise de Rouen sur la fin du dernier siècle, par Philippe Legendre, pasteur de l'Eglise Réformée de Quevilly ; précédée d'une notice historique et bibliographique et suivie d'un appendice, par Emile Lesens, avec deux plans gravés à l'eau-forte en fac-similé, par Jules Adelins. *Rouen*, *Deshays*, 1874, in-4, pap. vergé, pl. demi-rel. mar. grenat, tête dor. non rog.

658. De Tristibutis Franciæ libri quatuor ex bibliothecæ Lugdunensis codice nunc primum in lucem editi cura et sumptibus L. Cailhava. *Lugduni, per Ludovicum Perrin*, 1840, in-4, pap. de Hollande, titre encadré et fig. gr. demi mar. bleu avec coins, dos orné, fil. tr. marb.

Ce volume contient une suite de figures satiriques et historiques fort curieuses sur les troubles du XVIe siècle et les guerres de religion en France, et principalement dans le Lyonnais et la région voisine. C'est un complément indispensable aux recueils de *Tortorel et Perissin*, d'*Hogenberg*, et au *Theatrum crudelitatum hæreticorum*, de Rich. Verstegan. Il n'en existe pas d'édition ancienne. Celle-ci a été publiée d'après le manuscrit unique de la bibliothèque de Lyon, par les soins de M. Cailhava et tirée à 120 exemplaires seulement.

Bel exemplaire avec envoi autographe de l'éditeur à M. *Panizzi*, directeur du Musée Britannique.

659. Histoire de l'Exécution de Cabrières et de Merindol et d'autres lieux de Provence, particulièrement déduite dans le plaidoyé qu'en fit l'an 1551, par le commandement du Roy Henry II et son advocat général en cette cause, Jacques Aubery, lieutenant civil au Chastelet de Paris... Ensemble une relation particulière de ce qui se passa aux cinquante audiances de la cause de Mérindol (publiée par L. Aubery, sieur du Maurier). *Paris*, *Sébastien et Gabriel Cramoisy*, 1645, in-4, demi-rel. mar. r. dos orné, fil.

Ouvrage recherché et devenu très rare.
Quelques légers raccommodages.

660. Recueil de pièces intéressant l'histoire du Protestantisme en France et plus particulièrement à *Saint-Antonin, arrondissement de Montauban* (Tarn et-Garonne), de 1664 à 1686. — 2 vol. pet. in-4 de 176 et 71 pp. demi-rel. vélin blanc moderne avec coins.

Manuscrits du XVIIe siècle renfermant de nombreux et curieux détails sur l'histoire du protestantisme en Languedoc.
Mouillure à l'un des volumes.

661. Les Toulousaines, ou Lettres historiques et apologetiques, en faveur de la Religion Réformée et de divers Protestans condamnés dans ces derniers tems par le Parlement de Toulouse, ou dans le Haut Languedoc (par Ant. Court de Gébelin). *Edimbourg* (*Lausanne*), 1763, in-12, bas. ant. marb. dos orné. tr. r.

Edition la plus complète.

662. Déclaration des Eglises réformées de France et souveraineté de Béarn. De l'injuste persécution qui leur est faicte, par les ennemis de l'Estat et de leur Religion, et de leur légitime et nécessaire défense. (Signée : Combort, président ; Banage, adjoinct ; Rodil, secrétaire, et Riffaut, secrétaire). *A La Rochelle, par Pierre Pié de Dieu*, 1621, pet. in-8 de 46 pp. demi-rel. vélin moderne.

663. Les Larmes de J. Pineton de Chambrun, pasteur, qui contiennent les persécutions arrivées aux Eglises d'Orange... avec le rétablissement de S. Pierre en son apostolat... *Jouxte la copie. A la Haye*, 1726, in-12, vélin.

664. Les Larmes de Jaques Pineton de Chambrun, pasteur... de l'Eglise d'Orange .. qui contiennent les persécutions arrivées aux Eglises de la principauté d'Orange, depuis l'an 1660. Le châtiment et le relèvement de l'auteur, avec le rétablissement de S. Pierre en son apostolat... *Jouxte la Copie. A la Haye*, 1739, in-12, v. f. moderne, dos orné, fil. à froid, dent, int. tr. dor.

Bel exemplaire.

665. Actes de l'Assemblée des Eglises réformées, du Haut Languedoc, tenue en octobre 1615 ; 8 pp. — Extrait de délibération du Conseil général tenu à Castres en octobre 1615 ; 3 pp. — *S. l. n. d.* — Ens. 2 pièces en 1 vol. in-4, demi-rel. vélin moderne avec coins, titre calligraphié sur le dos.

666. Les Cévenois secourus, ou l'Europe esclave, Discours où l'on fait voir, la justice du soulevement des Camisards Que tous les Etats protestans, et particulièrement l'Angleterre, sont indispensablement obligez de les secourir. Que ni les princes protestans, ni ceux de la communion de Rome ne peuvent raisonnablement espérer de réduire le pouvoir immense de la France qu'en secourant les Cévenois. De quelle manière on peut les secourir efficacement... Traduit de l'anglois. *Cologne, chez Jaques le Sincère*, 1704, in-12 de 95 pp. cart.

667. Histoire des troubles des Cévennes, ou de la guerre des Camisars, sous le règne de Louis le Grand, tirée de manuscrits secrets et autentiques et des observations faites sur les lieux mêmes, avec une carte des Cévennes, par l'Auteur du Patriote françois et impartial (Rédigé d'après les manuscrits d'Ant. Court, par son fils, Court de Gébelin). *Villefranche, P. Chrétien*, 1760, 3 vol. in-12, carte gr. et pliée, v. ant. marb. dos orné.

668. Le Vieux Cévenol, ou Anecdotes de la vie d'Ambroise Borély, mort à Londres, âgé de cent trois ans, sept mois et quatre jours ; recueillies par W. Jesterman : ouvrage traduit de l'anglais (composé par Rabaut-Saint-Etienne), suivi de réflexions sur les loix relatives aux Protestans (par Condorcet). — Le Roi doit modifier les loix portées contre les Protestans. Démonstration, avantages que la France tirerait de cette modification (par Condorcet). — *A Londres*, 1784. — Ens. 2 ouvrages en 1 vol. in-8, v. ant. marb. dos orné.

669. Histoire du Protestantisme dans diverses villes de la France. — Réunion de 6 vol. in-12 et in-8, demi-rel. mar. brun.

Paris protestant, par A. Decopet. *Paris*, 1876. — Origine et progrès de la Réformation à La Rochelle précédé d'une notice sur Philippe Vincent (par L. de Richemond). *Paris*, 1872. — L'Eglise réformée de La Rochelle, par L. Delmas. *Toulouse*. 1870. — Les Marins Rochelais, notes biographiques (par Louis Meschinet de Richemond). *La Rochelle*, 1870. (*Rare*). — Histoire de l'Eglise réformée de Nîmes, par A. Borrel, pasteur. *Toulouse*, 1856. — Histoire de l'Eglise réformée de Montpellier depuis son origine jusqu'à nos jours, par Philippe Corbière. *Montpellier*, 1861.

670. Histoire du Protestantisme dans diverses provinces de la France. — Réunion de 8 vol. in-12 et in-8, demi-rel. chag. ou mar. brun et r.

Les Martyrs Poitevins, par A. F. Lièvre. *Toulouse*, 1874. — Histoire ecclésiastique de la Bretagne, par Philippe Le Noir. Ouvrage publié par B. Vaurigaud. *Paris*, 1851. — La Basse-Bretagne et le pays de Galles. Quelques paroles simples et véridiques par J. Williams. *Paris*, 1860. — Le Protestantisme en Champagne, par Ch.-L.-B. Recordon. *Paris*, 1863. — Histoire des Guerres religieuses en Auvergne pendant les XVIe et XVIIe siècles, par André Imberdis. *Paris*, 1855. — L'Intendant Foucault et la Révocation en Béarn, par M. L. Soulice. *Pau*, 1885. — Calvinisme de Béarn. *Pau*, 1863-1885, 4 ouvrages ou pièces en 1 vol. — Hautes-Alpes. (Vallées de Félix Neff). *Lyon et Paris*, 1866-1883, 20 pièces en 1 vol. fig.

C. Histoire du Protestantisme en Suisse et divers autres pays étrangers

671. Les Ordonnances ecclésiastiques de l'Eglise de Genève. Item, l'ordre des Escoles de ladicte Cité. *A Genève avec privilège, pour Artus Chauvin*, 1561, in-4 de 92 pp. demi-rel. mar. brun.

Raccommodage à l'angle supérieur des premiers ff.

672. Les Ordonnances ecclésiastiques de l'Eglise de Genève. Item, l'ordre des Escoles de ladicte cité. *S. l.* (*Genève*), 1562, pet. in-8 de 80 pp. demi-rel. vélin moderne avec coins.

673. Ordonnances ecclésiastiques de l'Eglise de Genève (passées et reveuës en Conseil général, le 3 de juin 1576), *A Genève*,

par les frères de Tournes, 1735, in-8 de 1 f. prél. pour le titre, 60 pp. et 1 f. pour l'indice, demi-rel. vélin moderne avec coins.

674. Histoire de l'Eglise de Genève, depuis le commencement de la Réformation jusqu'à nos jours, par J. Gaberel. *Genève, Cherbuliez*, 1855-1862, 3 vol. in-8, 2 cartes en *couleur*, demi-rel. chag. bleu, dos orné.

675. Ouvrages sur la Ville de Genève. — Réunion de 5 vol. in-8, demi-rel. mar. de différentes couleurs.

Genève ecclésiastique, ou Livre des spectables, pasteurs et professeurs qui ont été dans cette Eglise depuis la Réformation jusqu'en nos jours. *Genève*, 1861. — Ordonnances ecclésiastiques de l'Eglise de Genève. *Genève*, 1735 (*Raccommodage au titre*). — Dictionnaire biographique des Genevois et des Vaudois qui se sont distingués dans leur pays ou à l'étranger par leurs talents, leurs actions, leurs œuvres littéraires ou artistiques, etc., par Albert de Montet. *Lausanne*, 1877-1878, 2 vol. — Glossaire génevois ou Recueil étymologique des termes dont se compose le dialecte de Genève (par le professeur Gaudy-Lefort). *Genève*, 1820.

676. Histoire de la Réformation en Suisse. — Réunion de 17 vol. in-4, in-8 et in-12 reliés.

Histoire de la Réformation de la Suisse, où l'on voit tout ce qui s'est passé de plus remarquable, depuis l'an 1516 jusqu'en l'an 1556, dans les Eglises des XIII cantons et des Etats Confederez qui composent avec eux le Corps Helvétique, par Abraham Ruchat. *Genève*, 1727-1728, 5 vol. front. gr. — Le même ouvrage. Edition avec appendices et une notice sur la vie et les ouvrages de Ruchat, par L. Vulliemin. *Nyon et Paris*, 1835-1838, 7 vol. — Histoire littéraire de Genève, par Jean Senebier. *Genève*, 1786, 3 vol. (*mouillure*). — Fragmens de l'Histoire ecclésiastique de Genève au XIXe siècle, par M. Grenus, avocat. *Genève*, 1817. — Ordonnances ecclésiastiques pour le Pays-de-Vaud. *Berne*, 1773.

677. Libellus supplex Imperatoriæ Majestati cæteriscꝗ sacri imperij electoribus, principibus, atꝗ ordinibus, nomine Belgarum ex inferiori Germania, Evangelicæ religionis causa per Albani ducis tyrannidem eiectorum in comitijs Spirensibus exhibitus. *S. l.*, 1570, 8 ff. non ch. — Apologeticon, et vera rerum in Belgicogermania nuper gestarum narratio, ex qua dilucidè perspicitur, quibus omnis tumultuum et calamitatum origo et causa ferri accepta debeat. Et simul calumniæ, quibus ecclesias Belgicas gravant adversarij, perpicue diluuntur. *S. l. n. d.* 1 f. prél. non ch. et 88 pp. — Ens. 2 parties en 1 vol. pet. in-8, vélin moderne.

678. Acta Synodi nationalis, in nomine domini nostri Jesu Christi, autoritate DD. ordinum generalium fœderati Relgii provinciarum, Dordrechti habitæ anno 1618 et 1619. Accedunt plenissima, de quinque articulis theologorum indicia. *Dordrechti, typis Isaaci Joannidis Caninii*, 1620, 2 parties en 1 vol. in-4, figure à pleine page représentant le Synode, vélin à recouvrements.

Actes du Synode des Eglises Wallonnes tenu à Dordrecht en 1618-1619.

679. Ordonnantie ende || Edict des Keysers Kaerle die V vernieuwt inde Keyserlijcke || stadt van Augspurgh inde maent vã September des Jaers || M.CCCCC.L. Om textirperen di secten, Ende om te || conserueren onse oude oprechte gheloeue, ende || Kerstelijcke religie. || ℭ *Geprint te Lœuen bij Seruaes Sassenus, ghe || sworen printer.* || *s. d.* (1550), in-4, goth. de 12 ff. non ch. armoiries sur le titre, cart.

680. The Lives and Sufferings of the English Martyrs, who were executed and burnt for their Religion, from the Reign of Henry the IVth, to the end of the Reign of Queen Mary I. and to the Reformation of the Church of England, published by Bishop Burnet .. *London, Owen and Sympson,* 1755, in-8, 18 pl. gr. v. ant. granit.

Légère mouillure.

III. HISTOIRE POLITIQUE ET RELIGIEUSE DE LA FRANCE

681. Histoire de France depuis les temps les plus reculés jusqu'en 1789, par Henri Martin. Quatrième édition. *Paris, Furne,* 1857-1860, 17 vol. in 8, portr. gr. sur acier, demi-rel. v. f. dos orné.

Légères piqûres d'humidité.

682. P. Rami, regii eloquentiæ et philosophiæ professoris, liber de moribus veterum Gallorum... *Parisiis, apud Andream Wechelum,* 1562, in-8, v. ant. jaspé, dos orné, tr. r.

Précieux exemplaire ayant appartenu au célèbre historien Lancelot-Voisin DE LA POPELINIÈRE, auteur de l'*Histoire des troubles et guerres civiles de France,* mort en 1608. Il porte sa *signature* sur le titre et de NOMBREUSES ANNOTATIONS AUTOGRAPHES marginales.

683. Petri Rami... liber de moribus veterum Gallorum. Cum præfatione Joannis Thomæ Freigij J. V. D. — Petri Rami... liber de Militia C. Julii Cæsaris. Cum præfatione Joannis Thomæ Freigij J. V. D. — *Basileæ, per Sebastianum Henricpetri, s. d.* (1574). — Ens. 2 ouvrages en 1 vol. in-8, vélin.

684. Inventaire général de l'Histoire de France, depuis Pharamond jusques à présent, illustré par la conférence de l'Eglise et l'Empire, par Jan de Serres. *A Paris, chez Mathieu Guillemot,* 1600-1614, 4 vol. in-8, titres-front. gr. par Léonard Gaultier, v. ant. f. et marb. non unif. fil.

Ouvrage très recherché pour sa fidélité et son exactitude. Il a d'ailleurs l'incontestable mérite d'indiquer soigneusement les dates qu'on négligeait beaucoup à cette époque.
Piqûres de vers en marge du tome III ; petites taches.

685. Mémoires (et Bulletin) de la Société des Antiquaires de France. *Paris, Dumoulin*, 1881-1901, 38 vol. in-8, nombr. pl. et fig. br.

Mémoires, 19 vol. Tomes XLII à LIII et LV à LXI — Bulletin, 19 vol. Années 1883 à 1901.

On a ajouté : Mettensia. Auguste Prost, sa vie, ses œuvres, ses collections (1817-1896). — Cartulaire de l'Abbaye de Gorze Ms. 826 de la bibliothèque de Metz, publié par d'Herbomez, 1 tome en 3 fascicules. — Remarques chronologiques et topographiques sur le Cartulaire de Gorze, par Paul Maréchal. — Table alphabétique des publications de l'Académie Celtique et de la Société des Antiquaires de France (1807-1889), rédigée sous la direction de Robert de Lasteyrie, par Maurice Prou. *Paris*, 1884-1902. — Ens. 3 vol. et 3 fascicules in-8, portr. br.

686. Franc. Hotomani jurisconsulti, Francogallia. *S. l.* (*Genevæ*), *ex officina Jacobi Stœrij*, 1573, encadrement sur le titre. — Ad Franc. Hotomani Francogalliam Antonii Matharelli.... responsio... *Lutetiæ, ex officina Federici Morelli*, 1575. — Magonis de Matagonibus... monitoriale adversus Italo Galliam sive Antifranco Galliam Antonij Matharelli... (réplique d'Hotman à l'ouvrage précédent). *S. l.* 1575. — Ens. 3 ouvrages reliés en 1 vol. in-8, vélin vert.

Le premier et le dernier ouvrage sont en ÉDITIONS ORIGINALES.

Le but de la *Franco-Gallia* est de faire revivre l'autorité et le pouvoir de la nation et des États généraux, au détriment de l'autorité royale. L'ouvrage fit beaucoup de bruit lorsqu'il parut et s'attira plusieurs réfutations.

Annotations manuscrites en marge de quelques ff.

687. Le Miroir des François compris en trois livres, contenant l'Estat des affaires de France, tant de la justice que de la police, avec le reglement requis par les trois Estats pour la pacificatiõ des troubles .. Le tout mis en Dialogues par Nicolas de Montand. *S. l. Imprimé l'an* 1582, in-8, demi-rel. v. f. dos orné, tête dor.

Ouvrage rare et curieux, dirigé contre le gouvernement de Henri III et dont on ignore quel est le véritable auteur. La plupart des bibliographes pensent que Nicolas de Montand est le nom supposé de Nicolas Barnaud de Crest.

Deux éditions de ce pamphlet ont été données en 1582, notre exemplaire est celle en 497 pp. et 8 ff. prélim.

Exemplaire incomplet de 2 ff. (pp. 437 à 440) ; noms raturés, sur le titre.

688. Catalogue des très illustres Connestables (Chanceliers, Grands-Maîtres, Admiraulx, Mareschaulx) de France (et Prevostz de Paris), depuis le Roy Clotaire premier du nom, jusques à très puissant... Roy de France, Henry deuxieme (par Jean Le Féron). *A Paris, Impr. de Michel de Vascosan*, 1555, 6 parties en 1 vol. in-fol. nombr. blasons, v. ant. granit, dos orné.

Ouvrage très recherché.

Exemplaire avec les blasons COLORIÉS.

689. Calendrier de la Cour, tiré des éphémérides, pour l'année mil sept cent quatre-vingt-six... *Paris, Veuve Hérissant*, 1786, in-32, texte encadré d'un fil. noir, mar. r. fil. à froid, tr. dor. (*Rel. anc.*)

690. Etiquette du Palais Impérial, année 1806. *Paris, Impr. Impériale, avril* 1806, in-4, cart.

Réimpression faite à l'Imprimerie Nationale en juillet 1852.
Le Comte Louis-Philippe de Ségur, conseiller d'Etat et Grand-Maître des Cérémonies de 1809 à 1813, a été le principal rédacteur de cette « Etiquette ».

---

691. Cronicque et Histoire faicte et composée par feu Messire Philippe de Cõmines chevalier seigneur Dargenton contenãt les choses advenues durãt le règne du Roy Loys unziesme tãt en Frãce, Bourgongne, Flandres, Arthois, Angleterre que Espaigne, et lieux circonvoisins. Nouvellement reveue et corrigée avec plusieurs notables mis au marge. Imprime en aoust mil cinq cẽs quarãte trois. M.D.LXIII (*sic*). *On les vend à Paris... par Pierre Sergent*. (A la fin :) *Et fut achevée de imprimer le XXV jour d'aoust lan mil cinq cens quarante et trois* (1543). — Cronicques du Roy Charles huytiesme de ce nom... mis ꝑ escript eñ forme de mémoires ꝑ messire Phelippes de Cõmines... avec la table recollective annotatiõs et cotations du contenu. Audit livre lesquelles au paravant avoient estees obmises. M.D.LXIII (*sic*). *On les vend à Paris... par Pierre Sergent*. (A la fin :) *Achevées d'imprimer lan mille cinq cẽs quarante et troys. Le XI jour de Aoust par Jehan Real, imprimeur, demourant à Paris*... (1543). — Ens. 2 parties en 1 vol. in-8, vélin à recouvrements.

Bonne édition de ces chroniques.

692. Recherches dans les archives italiennes. Louis XII et Ludovic Sforza (8 avril 1498-23 juillet 1500), par Léon-G. Pélissier. *Paris, Fontemoing*, 1896, 2 vol. in-8 (*sans l'index*), br.

De la *Bibliothèque des Ecoles françaises d'Athènes et de Rome : fascicules 75 et 76*.
Envoi autographe de l'auteur.

693. Mémoires pour servir à l'Histoire de France, contenant ce qui s'est passé de plus remarquable dans ce Roiaume depuis 1515 jusqu'en 1611 avec les portraits des Rois, Reines, Princes, Princesses et autres personnes illustres dont il y est fait mention (par Pierre de l'Estoile, publiés par Jean Godefroy). *Cologne (Bruxelles), chez les héritiers de Herman Demen*, 1719,

2 vol. in-8, front. répété à chaque vol. et nombr. portr. gr. par Harrewyn, v. f. ant. dos orné.

Légères taches d'humidité.

694. Mémoires pour servir à l'Histoire de France, contenant ce qui s'est passé de plus remarquable dans ce Roiaume depuis 1515 jusqu'en 1611, avec les portraits des Rois, Reines, Princes, Princesses et autres personnes illustres dont il y est fait mention (par Pierre de L'Estoile, publiés par Jean Godefroy). *Cologne (Bruxelles), chez les héritiers de Hermann Demen*, 1719, 2 vol. in-8, frontispices et portraits gr. cuir de R. dos orné, fil. dor. et dent. à froid.

Bel exemplaire, ENTIÈREMENT NON ROGNÉ, de cette édition ornée de nombreux portraits gravés par Harrewyn. Il provient de la bibliothèque d'Ant.-Aug. RENOUARD.

695. Illustris viri Jacobi Augusti Thuani... Historiarum sui temporis ab anno domini 1543 ab annum 1607, libri CXXXVIII... *Genevæ, apud heredes Petri de La Rovière*, 1626-1630, 5 tomes en 4 vol. in-fol. vélin, milieu estampé à froid.

PREMIÈRE ÉDITION COMPLÈTE, les livres 81 à 138 ayant été publiés ici pour la première fois.

Ex-libris armorié, de format in-8, de Lancelot-Ignace-Joseph, baron DE GOTTIGNIES, gravé par *Berterham*, collé au verso des titres des trois premiers volumes. — Le premier plat de la reliure du tome II est un peu détérioré à l'angle inférieur.

696. Histoire Universelle du Sieur d'Aubigné, comprise en trois tomes... Seconde édition, augmentée de notables histoires entières, et de plusieurs additions et corrections faites par le mesme auteur. *A Amsterdam, pour les héritiers de Hier. Cõmelin*, 1626, 3 tomes en 1 vol. in-fol. à 2 col. demi-rel. bas. brune ant. un peu fatiguée.

Ouvrage recherché à cause des traits satiriques qu'il renferme. Cette seconde édition, très améliorée, est bien préférable à la première.

697. Recueil des choses mémorables avenues en France sous le règne de Henri II, François II, Charles IX et Henri III de la maison de Valois depuis l'an 1547 jusques au commencement du mois d'aoust 1589 ; contenant infinies merveilles de nostre siècle (par Jean de Serres). *S. l.* (*Genève*), 1595, in-8, v. brun ant. fil. (*Rel. un peu fatiguée.*)

ÉDITION ORIGINALE, rare, de cet ouvrage qui fut souvent réimprimé.

Exemplaire aux armes et au chiffre de Jean-Georges LE FÉRON, seigneur des Tournelles. — Légère mouillure et petite piqûre aux premiers ff. du volume.

698. Histoire des choses mémorables avenues en France, depuis l'an 1547 jusques au commencement de l'an 1597, sous le règne de Henry II, François II, Charles IX, Henri III et

Henry IV, contenant infinies merveilles de nostre siècle. Dernière édition (par Jean de Serres). *S. l.* 1599, fort vol. in-8, vélin à recouvr.

699. Commentaires de l'estat de la religion et republique soubs les roys Henry et François seconds & Charles neuvième (par le président de La Place). *S. l.* 1565, in-8, v. ant. écaille, dos orné, fil. tr. marb.

Ouvrage recherché. — Cette édition de 309 ff., la seconde de celles décrites par Brunet, est la plus complète et la plus recherchée.

700. Mémoires de Condé, ou Recueil pour servir à l'Histoire de France, contenant ce qui s'est passé de plus mémorable dans ce royaume sous les règnes de François II et Charles IX. Nouvelle édition. *Londres, Claude Du Bosse*, 1740, 6 vol. in-12, titres-front. gr. v. ant. marb. dos orné, tr. r.

701. Histoire de l'Estat de France, tant de la République que de la Religion, sous le règne de François II, par Régnier, sieur de la Planche ; publiée par M. Ed. Mennechet. *Paris, Techener*, 1836, pet. in-fol. fig. demi-rel. mar. brun avec coins, dos orné.

702. Mémoires de l'estat de France sous Charles neufiesme, contenant les choses plus notables, faites et publiées tant par les catholiques que par ceux de la religion, depuis le troisième édit de pacification fait au mois d'aoust 1570, jusques au règne de Henry troisiesme. Réduits en 3 volumes (pub. par Simon Goulart). *Meidelbourg, Henrich Wolf*, 1577, 3 vol. pet. in-8, v. ant. marb. dos orné, tr. r.

Recueil curieux et très recherché.

703. Histoire des derniers troubles de France, soubs les règnes des Rois très-chrestiens Henry III, Roy de France et de Pologne et Henry IIII, Roy de France et de Navarre. Reveuë et augmentée de l'histoire des guerres entre les maisons de France et d'Espagne... avec un Recueil des Edicts et articles accordez par le Roy Henry III, pour la réunion de ses subjects (par P. Mathieu). Dernière édition. *S. l.* 1601, 4 parties en 1 vol. in-8, vélin à recouvrements.

Mouillure.

704. La Vraye et entière Histoire des troubles et guerres civiles, avenuës de nostre temps, pour le faict de la Religion tant en France, Allemaigne que Païs Bas. Recueillie de plusieurs discours françois et latins, et réduite en vingt livres par J. Le Frère, de Laval. De nouveau reveuë, corrigée et augmentée

en plusieurs endroits par le mesme autheur. *A Paris, chez Guillaume de La Nouë*, 1576, in-8, bas. ant. jaspée.

Cet ouvrage reproduit en grande partie, mais au point de vue catholique, l'histoire de La Popelinière. (Voir les nos suivants.) Timbre de bibliothèque au verso du titre.

705. La Vraye et entière Histoire des troubles et choses mémorables advenues, tant en France qu'en Flandres, et pays circonvoisins, depuis l'an 1562 (jusqu'en 1579), comprinse en dix-huit livres, dont les cinq derniers sont nouveaux... (par Lancelot Voisin de La Popelinière). *A Basle, pour Barthelemy Germain*, 1579, 2 vol. in-8, v. ant. granit, dos orné, tr. r.

Edition la plus complète.

706. L'Histoire de France enrichie des plus notables occurrences survenues es provinces de l'Europe et pays voysins, soit en paix, soit en guerre : tant pour le fait seculier que ecclesiastic : depuis l'an 1550 jusques à ce temps (par Lancelot Voysin, sieur de La Popelinière). *Tome premier*, avec la table. *S. l.* 1582, in-8, vélin.

707. L'Histoire des Histoires, avec l'idée de l'Histoire accomplie, plus le dessein de l'Histoire nouvelle des François : et par avant-jeu, la réfutation de la descente des fugitifs de Troye, aux Palus Meotides, Italie, Germanie, Gaules et autres pays : pour y dresser les plus beaux Estatz qui soient en l'Europe : et entre autres le royaume des François. Œuvre ny veu ny traicté par aucun (par Voisin de La Popelinière). *A Paris, chez Marc Orry*, 1599, in-8, mar. r. dos orné, fil. dent. int. tr. dor. (*David.*)

Bel exemplaire.

708. Dialogus quo multa exponuntur quæ Lutheranis et Hugonotis Gallis acciderunt. Nonnulla item scitu digna et salutaria consilia adjecta sunt (auct. Nic. Barnaud). *Oragniæ, excudebat Adamus de Monte*, 1573, pet. in-8, v. f. moderne, dos orné, fil.

Première édition de ce dialogue.
Bel exemplaire ; légère cassure raccommodée à un f.

709. Le Réveille-Matin des François et de leurs voisins, composé par Eusèbe Philadelphe Cosmopolite (Nic. Barnaud), en forme de dialogues. *Edimbourg* (*Genève*), *Jaques James*, 1574, 2 tomes en 1 vol. in-8, v. ant. marb. dos orné, fil. tr. dor.

Mouillures.

710. Discours simple et véritable des rages exercées par la Frãce, des horribles et indignes meurtres commiz es personnes de Gaspar de Colligni, amiral de France, et de plusieurs

grandz seigneurs, gentils-hommes et aultres illustres et nõtables personnes, et du lâche et estrange carnage fait indiferẽment des chrestiens qui se sõt peu recouvrer en la pluspart des villes de ce royaume sans respect aulcun, de sang, sexe aage, ou condition. Le tout traduict en françois, du latin d'Ernest Varamond de Frise. Auquel est adjoustée en forme de Paragõ, l'histoire tragique de la cité de Holme saccagée contre la foy promise l'an 1517, par Christierne second, Roy de Danemarch... extraicte de la Cosmographie de Mõster. *Basle, par Pieter Vuallemand*, 1575, pet. in-8, v. ant. granit.

Ouvrage de la plus grande rareté.

711. Gasparis Colinii Castellonii, magni quondam Franciæ amiralij, Vita (attribué à Jean Hotman, seigneur de Villiers et à Jean de Serres). *S. l.* 1575, in-8, mar. citron, dos orné, fil. dent. int. tr. dor. (*Bradel-Derome.*)

La plus correcte des deux éditions parues sous cette date.
Bel exemplaire provenant de la bibliothèque du Marquis de Morante.

712. La Vie de Gaspard de Coligny, seigneur de Chastillon sur Loin, gouverneur pour le Roi de l'Isle de France et de Picardie, colonel général de l'infanterie françoise et amiral de France (par Sandras de Courtilz). *A Cologne, chez Pierre Marteau* (*Amsterdam, à la Sphère*), 1686, in-12, v. f. ant. dos orné à petits fers, fil. tr. dor.

Édition originale.

713. Journal des Choses mémorables advenues durant tout le règne de Henry III, Roy de France et de Pologne (par Pierre de L'Estoile). *S. l.* (*Paris*), 1621, 2 parties en 1 vol in-8, vélin.

Première édition de ce format du Journal de Henri III.
Nom manuscrit sur le titre.

714. Advertissemens sur l'Edict d'Henry, roy de France et de Pologne, faisant droict aux remonstrances proposées par les Estats du royaume assemblez par son commandement en la ville de Bloys l'an 1576, par Jean Durel, jurisc. de Molins en Bourbonnois... *A Lyon, par Benoist Rigaud*, 1587, fort vol. in-8, vélin à recouvrements avec attaches en cuir.

Noms manuscrits sur le titre.

715. Le Cabinet du Roy de France, dans lequel il y a trois perles précieuses d'inestimable valeur, par le moyen desquelles Sa Majesté s'en va le premier monarque du monde et ses sujets du tout soulagez (attribué à Nic. Barnaud du Crest et à Nic. Froumenteau). *S. l.* 1581, in-8, v. ant. marb. dos orné, tr. r.

Edition originale.
Les trois perles précieuses sont la Parole de Dieu, la Noblesse et le Tiers-Etat. — L'auteur a pour but d'augmenter les revenus du Roi en

appelant l'attention sur une foule d'abus et surtout sur ceux du clergé catholique. Ainsi après avoir fait le dénombrement des prélats, prêtres, moines, etc., il ajoute le nombre de leur *pu...*, par diocèses, couvents, etc., qu'il fait monter en totalité à 900.000 !
Mouillure.

716. Le Secret des thrésors de France, descouvert et departi en deux livres, par N. Froumenteau et maintenant publié pour ouvrir les moyẽs légitimes et nécessaires de payer les dettes du Roy, descharger ses sujets des subsides imposez depuis 31 ans et recouvrer tous les deniers prins à Sa Majesté... *S. l.* 1581, 2 parties en 1 vol. in-16, v. ant. marb, dos orné.

Première édition de cet ouvrage également attribué à Nic. Barnaud.
Mouillure.

717. Le Secret des Finances de France, descouvert et desparti en trois livres, par N. Froumenteau et maintenant publié pour ouvrir les moyens légitimes et nécessaires de payer les dettes du Roy, descharger ses subjets des subsides imposez depuis trente-un an et recouvrer tous les deniers prins à Sa Majesté. *S. l.*, 1581, 3 parties en 1 vol. in-8, cart. couvert de peau de mouton.

Ouvrage rare, et qui donne des renseignements curieux sur la statistique de la France à l'époque où écrivait l'auteur.
Mouillure.

718. P. Sixti V. Fulmen Brutum in Henricum, Sereniss. Regem Navarræ, et illustriss. Henricum Borbonium, principem olim Condæum, evibratum. Cujus multiplex nullitas ex protestatione patet. Cui, præter alia subjuncta et disputatio Roberti Bellarmenii... responsio. Item Alciati, Cujacii et Hotomani conjecturæ de falsitate L. inter claras 8. C. de Summ. Trinit. *S. l. n. d.* (1585), in-8, v. f. moderne, dos orné, fil. dent. int.

Edition très rare de cette réponse du célèbre jurisconsulte Fr. Hotman, écrite avec chaleur et passion, à la fameuse bulle de Sixte-Quint dirigée contre Henri de Bourbon, Roi de Navarre.
Bel exemplaire.

719. Moyens d'abus, entreprises et nullitez du rescrit et bulle du Pape Sixte V^e du nom, en date du mois de septembre 1585. Contre le sérénissime, Prince Henry de Bourbon, Roy de Navarre... et Henry de Bourbon... Prince de Condé, Duc d'Anguien. Par un catholique, apostolique, romain, mais bon François (P. de Belloy)... *S. l. Imprimé nouvellement*, 1586, in-8, bas. f. ant. fil. à froid et milieu doré.

Edition parue sous la même date que l'originale. Elle diffère des deux que cite Brunet par le nombre de ses pages (5 ff. prél. non ch., 30 et 451 pp.).
Légère piqûre de ver aux six premiers ff.

720. Discursus de Rebus Gallicis. Quo de totius Europæ statu præsente accuratè disseritur : et Reges ac Principes Orbis ad

vivum depinguntur. *Ex Speculâ Halcyoniâ*, 1589, in-8 de 127 pp. v. f. moderne, dos orné, fil. dent. int.

Pamphlet très rare

721. Satyre Menippée de la vertu du Catholicon d'Espagne et de la tenue des Estats de Paris. Augmenté de nouveau outre les précédentes impressions du Supplément du Catholicon ou abrégé des Estats. *S. l.* 1599, in-12, 3 fig. gr. sur bois, v. ant. marb. dos orné, tr. r.

Edition rare.
Mouillure.

722. L'Avant-victorieux (par P. de l'Hostal de Roquebonne). *A Orthès, par Abraham Royer*, 1610, in-8, titre encadré (sans le portrait), v. ant. marb. tr. r.

723. La Navarre en dueil, par le sieur de l'Ostal, vice-chancelier de Navarre. *A Orthès, par Abraham Rouyer*, 1610, in-12, vélin.

Mouillures ; déchirure enlevant du texte aux pages 9 et 10.

724. Le Contr' Assassin, ou Response à l'apologie des Jésuites, faite par un père de la Compagnie de Jésus de Loyola, et réfutée par un très humble serviteur de Jésus-Christ, de la compagnie de tous les vrais chrestiens, D. H. (David Home). *S. l.* 1612, in-8, vélin.

Edition originale de ce violent écrit provoqué par la réponse apologétique des Jésuites à l'*Anti-Cotton*. L'auteur, d'origine écossaise, fut pasteur de Gergeau, dans l'Orléanais, de Duras, en Basse Guyenne, puis de Chilleurs.
Mouillures.

725. Les Mémoires de la Roine Marguerite (publiés par Auger de Moléon, seigneur de Granier). *A Paris, jouxte la copie imprimée par Charles Chapellain*, 1629, in-8, vélin.

Edition parue sous la même date que l'originale.
Piqûre de ver dans la marge intérieure des ff.

726. Mémoires de Marguerite de Valois, Reine de France et de Navarre auxquels on a ajouté son éloge et celuy de Monsieur de Bussy (par P. de Brantome) et la Fortune de la Cour (par P. de Dampmartin). *A Liège, chez François Broncart* (*Bruxelles, Foppens*), 1713, in-8, portr. gr. v. f. ant. dos orné à petits fers, fil. tr. dor. (*Padeloup.*)

Bonne édition de ces mémoires publiés par Auger de Mauléon. Elle est ornée d'un joli portrait de la Reine, gravé par Lambert Causé.
Exemplaire du célèbre bibliophile Paul Lacroix, portant une note autographe de sa main sur un f. de garde. — *Signature* de Henry de Cessole sur un autre feuillet.
Petit trou de ver au dos de la reliure.

727. La Vie de François, seigneur de la Nouë, dit Bras-de-fer, où sont contenuës quantité de choses mémorables, qui servent à l'éclaircissement de celles qui se sont passées en France et au Pays-Bas, depuis le commencement des troubles survenus pour la Religion, jusques à l'an 1591, par M. Moyse Amirault. *A Leyde, chez Jean Elsévier*, 1661, in-4, 2 tableaux généalogiques pliés, vélin à recouvr.

Edition originale.
Déchirure enlevant en grande partie du texte des pp. 63-64.

728. Histoire de France et des choses mémorables advenues aux Provinces estrangères durant sept années de paix du règne de Henri IIII, Roy de France et de Navarre divisée en sept livres (par Pierre Mathieu). *A Paris, chez J. Metayer*, 1614, 2 forts vol. in-8, titres-front gr. par Jaspar Isac, vélin.

729. Mémoires des sages et royalles Œconomies d'Estat, domestiques, politiques et militaires de Henry le Grand... et des servitudes utiles, obéissances convenables et administrations loyales de Maximilian de Béthune... (de 1570 à 1610). *Amstelredam, chez Aletinosgraphe de Clearetimelee. . à l'Enseigne des trois Vertus couronnées d'amaranthe, s. d.* 2 tomes en 1 vol. in-fol. v. ant. granit.

Première édition des Mémoires de Sully imprimée au château de Sully par un imprimeur d'Angers en 1638. Les titres portent les *trois V peints en vert.*
On a ajouté : Mémoires, ou Œconomies royales d'Estat... de Henry le Grand par Maximilien de Bethune, duc de Sully (de 1610 à 1628 publiés par les soins de Le Laboureur). Tomes III et IV. *Paris, Augustin Courbé*, 1662, 2 tomes en 1 vol. in-fol. v. ant. granit.

730. Mémoires de Messire Philippes de Mornay, seigneur Du Plessis Marli... contenant divers discours, lettres et dépesches par lui dressées, ou escrites aux Rois, Roines... et plusieurs grands personnages de la chrestienté... *A La Forest, par Jean Bureau et à Amsterdam, chez Louys Elzevier*, 1624-1652, 4 vol. — Histoire de la vie de Messire Philippes de Mornay... contenant outre la relation de plusieurs évenemens notables... divers avis politiques, ecclésiastiques et militaires sur beaucoup de mouvemens importans de l'Europe soubs Henri III, Henry IV et Louys XIII. *A Leyde, chez Bonaventure et Abraham Elzevier*, 1647. — Ens. 5 vol. in-4, v. f. ant. brun et marb. dos orné, tr. r.

Edition originale des Mémoires et de l'*Histoire de la vie de Mornay*, publiée par Jean Daillé.
Mouillure au tome III.

731. Histoire de la vie de Messire Philippes de Mornay, seigneur du Plessis Marly, etc., contenant outre la relation de plusieurs

évènemens notables en l'Estat, en l'Eglise, ès Cours et ès Armes, divers advis politiqs, ecclesiastiqs et militaires sur beaucoup de mouvemens importans de l'Europe soubs Henry III, Henry IV et Louis XIII. *A Leyde, chez Bonaventure et Abraham Elzevier,* 1647, in-4, portr. gr. ajouté, mar. r. fil. et comp. à froid, dent. int. tr. dor.

Belle édition de cette histoire publiée par J. Daillé, sur des mémoires de Charlotte Arbalestre, femme de Du Plessis et de David de Licques.

Bel exemplaire au chiffre d'Amédée Rigaud, auquel on a ajouté un joli portrait de Philippe de Mornay, gravé par G. Vertue.

732. Les Avantures du baron de Fœneste, par Théodore Agrippa d'Aubigné. Nouvelle édition, augmentée de plusieurs remarques historiques, de l'histoire secrète de l'auteur, écrite par lui-même, et de la bibliothèque de Maître Guillaume, enrichie de notes par M*** (Le Duchat). *Amsterdam* (*Paris, Jacq. Guérin*), 1731, 2 vol. in-12, v. ant. granit, dos orné, tr. r.

Edition faite sur celle de 1729, mais avec les additions et les notes mises à leur place.

Légère mouillure.

733. Procès du très meschant et détestable parricide Fr. Ravaillac, natif d'Angoulesme, publié pour la première fois sur des manuscrits du temps, par P. D. (Pierre Deschamps). *Paris, Aubry*, 1858, pet. in-8, portr. gr. mar. r. dos orné et milieu doré, dent. int. tr. dor. (*David*,)

De la Collection du *Trésor des pièces rares ou inédites*.

Un des 6 exemplaires sur Papier de Chine, avec le portrait en double état.

734. Recueil des Lettres messives de Henri IV, publié par M. Berger de Xivrey. *Tome III*, 1589-1593. *Paris, Impr. Royale*, 1846, in-4, fac-similés, mar. r. à long grain, dos orné, comp. de fil. et d'arabesques, doublé et gardes de moire bleue, dent. tr. dor.

De la *Collection de Documents inédits sur l'Histoire de France*.

Reliure de l'époque, très fraîche.

735. Arrest de la Cour de Parlement de Tolose, contre le Duc de Rohan, en exécution des lettres patentes de déclaration du Roy. *A Lyon, chez Claude Larjot*, 1628, in-8 de 14 pp. demi-rel. vélin moderne avec coins, titre calligraphié sur le dos.

736. Mémoires du Duc de Rohan, sur les choses advenuës en France depuis la mort de Henry le Grand, jusques à la paix faite avec les Réformez au mois de juin 1629. Seconde édition, augmentée d'un quatriesme livre. *S. l.* (*Hollande à la Sphère*), 1646, 3 parties en 1 vol. in-12 réglé, v. f. dos orné à petits fers, fil. tr. dor. (*Lefebvre*). — Le même ouvrage, augmentez d'un

quatrième livre et de divers discours politiques du mesme autheur, ci-devant non imprimez. Ensemble le voyage fait en Italie, Allemagne, Pays-Bas-Uny, Angleterre et Escosse en l'an 1600. *Paris*, 1665, 2 vol. in-12, v. ant. granit. — Intérêts et Maximes des Princes et des Estats souverains (par Henri II, duc de Rohan). *Sur l'imprimé à Cologne, chez Jean Du Païs (à la Sphère)*, 1666, 2 parties en 1 vol. in-12, cuir de R. dos orné, fil. tr. dor. — Ens. 4 vol.

737. Le Portrait, ou Abrégé de la vie du Mareschal de Gassion, dédié au Roy (par Du Prat). *A Paris, chez Pierre Bienfait*, 1665, in-12, v. ant. granit, dos orné.

738. Extraict des registres du Conseil d'Etat. Sur ce qui a esté représenté au Roy étant en son Conseil par le Député général de ses sujets, faisans profession de la Religion prétenduë reformée... *S. l. n. d.* (1652), 6 pp. — Déclaration du Roy portant confirmation des privilèges accordez aux sujets de Sa Majesté, faisant profession de la Religion prétenduë réformée, donné à Saint-Germain-en-Laye, le 21 may 1652, 8 pp. — Extraict du cayer des plaintes et remonstrances faites au Roy par le Député général de ses subjets de la Religion prétenduë réformée, assisté du sieur du Thorond, Ministre de Sainte Foy, et Député des Eglises de la province de Basse-Guyenne. *S. l. n. d.* (1654), 23 pp. — Ens. 3 pièces en 1 vol. in-8, demi-rel. vélin moderne avec coins.

Taches.

739. Les Vœux d'un patriote. *Amsterdam*, 1788, in-8, cart.

Nouvelle édition très rare des 13 premiers Mémoires de l'ouvrage intitulé : *Les Soupirs de la France esclave qui aspire après la liberté*, publié à Amsterdam en 1689, attribué à Pierre Jurieu et à Michel Le Vassor et qui fut entièrement détruit par la police de Louis XIV.

740. Médailles sur les principaux événements du règne de Louis-le-Grand, avec des explications historiques (par Fr. Charpentier P. Tallemant, J. Racine, Boileau, etc.) *Paris, Imprimerie Royale*, 1723, in-fol. front. par Coypel et 318 pl. de médailles, v. ant, écaille, dos orné, fil. tr. dor.

Cette édition, continuée par Gros de Boze, est plus complète et plus belle que la première.

Exemplaire contenant la préface qui fut supprimée peu de temps après l'apparition de l'ouvrage. — Quelques ff. jaunis.

741. Lettres historiques et galantes de deux Dames de condition, dont l'une étoit à Paris et l'autre en province, où l'on voit tout ce qui s'est passé de plus particulier depuis le commencement du siècle jusques à présent... Ouvrage curieux mêlez d'aven-

tures, par Madame Dunoyer. *Cologne et Londres*, 1723-1739, 6 vol. in-12, v. ant. marb.

Le tome VI contient : *Mémoires de Madame Du Noyer, écrits par elle-même, pour servir de suite à ses lettres.* — Légères mouillures.

742. Histoire de la Guerre de la Péninsule sous Napoléon... par le Général Foy, publiée par Mme la Comtesse Foy. *Paris, Baudouin*, 1827, 4 vol. — Discours du Général Foy, précédés d'une notice biographique par M. P. F. Tissot ; d'un éloge par M. Etienne, et d'un essai sur l'éloquence politique en France, par M. Jay. *Paris, Moutardier*, 1826, 2 vol. — Ens. 6 vol. in-8, portraits, cartes et fac-similés, demi-rel. v. f. et vert, dos orné.

Timbre sur les titres.

---

743. Histoire mémorable de la ville de Sancerre, contenant les entreprises, siège, approches, batteries, assaux et autres efforts des assiégeants : les résistances, faicts magnanimes, la famine extrême et délivrance notables des assiégés. Le nombre des coups de canons par journées distinguées. Le catalogue des morts et blessez à la guerre sont à la fin du livre. Le tout fidèlement recueilli sur le lieu par Jean de Léry. *S. l.* (*Genève*), 1574, in-8 de 8 ff. 254 pp. cart. bradel, dos de perc. violette.

Edition originale, rare.
Petite tache d'encre à la marge inférieure des premiers feuillets.

744. Notes sur Couhé et ses environs, par A. F. Lièvre. *Paris, Grassart : Poitiers, Girardin*, 1869, gr. in-8, carte et pl. lithog. demi-rel. mar. brun, tête dor. ébarbé.

745. Journal des choses plus mémorables, qui ce sont passées au dernier siège de La Rochelle, par Pierre Mervault, Rochelois. *S. l. n. d.* (*La Rochelle*, 1648 ?), in-8, vélin.

Ouvrage très recherché.

746. La Sommation faite de la part du Roy, à Monsieur de Soubize, chef des rebelles de S. Jean d'Angely. Par un Heraut de France. La Responce dudict sieur de Soubize, et réplique du dit Heraut. Et ce qui s'est passé au Camp, depuis le 28 may jusques à présent. *A Troyes, chez Jacquard Jouxte la copie imprimée à Paris, chez Pierre Recolet*, 1621, in-12 de 12 pp. demi-rel. vélin moderne avec coins, titre calligraphié sur le dos.

747. Histoire véritable de tout ce qui s'est fait et passé dans la ville de Montauban, durant et du depuis les derniers mouvemens jusqu'à présent. Avec les lettres et responses des Pas-

teurs et habitans de la dite ville, que de Messieurs de Rohan et de Soubize, et aussi de Messieurs de la Rochelle. Ensemble les articles à eux accordez par le Roy. *S. l.* 1627, in-8 de 80 pp. demi-rel. mar. violet avec coins, dos orné, tr. r.

748. Histoire de Foix, Béarn et Navarre, diligemment recueillie, tant des précédens historiens, que des archives desdites maisons... par M. Pierre Olhagaray, historiographe du Roy. *A Paris, chez David Douceur*, 1609, in-4, tableau généalogique plié, vélin à recouvrements.

Première édition de cet ouvrage rare et recherché.
Cassure au tableau généalogique ; petites piqûres de vers.

749. Los Fors et Costumas de Bearn. *A Pau, per Joan Desbaratz, imprimeur deu Rey*, 1682, in-4 de 144 pp. titre dans un encadrement gr. sur bois, cart. dos de vélin.

Rare.

750. Segunse lous Priviledges, franquesses et libertats donnats et autreiats aux vesins, manans et habitans de la Montaigne et Val d'Aspe per lous Seignours de Bearn ; Et primo per Mossen Archambaut en l'an mille tres cens navante-oeit. *A Pau, chez Jérôme Dupoux*, 1694, in-4, v. ant. granit.

Exemplaire de l'abbé Morellet, et avec son *ex-libris*, de ces *Privilèges du Béarn*. Le célèbre et fécond littérateur a écrit sur un des ff. de garde : *Ce vol. donne quelques idées de la langue du pays. La pièce de la page 47 est un monument curieux de la superstition du tems.*

751. Ouvrages sur les Pyrénées. — Réunion de 12 vol. in-8 et in-4, demi-rel. v. ou chag. f. brun et vert, dos orné.

Voyage dans les Pyrénées françoises, dirigé principalement vers le Bigorre et les Vallées (par Picquet). *Paris*, 1789. — Observations faites dans les Pyrénées, pour servir de suite à des observations sur les Alpes, insérées dans une traduction des Lettres de W. Coxe, sur la Suisse (par Ramond de Carbonnières). *Paris*, 1789, cartes gr. — Voyages physiques dans les Pyrénées en 1788 et 1789, avec des cartes géographiques, par Fr. Pasumot. *Paris*, 1797. — Description des Pyrénées avec carte et tableaux, par M. Dralet. *Paris*, 1813, 2 vol. — Mémoires (et suite des Mémoires) pour servir à l'Histoire naturelle des Pyrénées et des pays adjacents, par M. Palassou. *Pau*, 1815 1819, 2 parties en 1 vol. — Histoire des peuples et des états Pyrénéens (France et Espagne), par J. Cénac Moncaut. *Paris*, 1860, 5 vol. pl. lithog. — Matériaux pour une étude stratigraphique des Pyrénées et des Corbières, par M. H. Magnan. *Paris*, 1874, 4 pl. en noir et en couleur.

752. Ouvrages sur le Languedoc et la Provence. — Réunion de 15 vol. in-12, et in-8 et in-4, brochés et reliés.

La Chambre de l'Edit de Languedoc, par Jules Cambon de Lavalette. *Paris*, 1872. — Description géologique des environs de Montpellier, par Paul Gervais et Rouville. *Montpellier*, 1853, carte en *couleur*. — Introduction à la Description géologique du département de l'Hérault, par Paul de Rouville. *Montpellier*, 1875. 10 pl. en noir et en couleur, — Etude géologique de la région du Mont Ventoux. par F. Lenhardt. *Montpellier*, 1883, 4 pl. fig. et carte. — Etude historique sur Fonfroide, par E. Cauvet.

Montpellier, 1875. — Histoire de la Révolution de Marseille, depuis 1789 jusqu'au Consulat, par C. Lourde. *Marseille*, 1838, vol. — Description de la Fontaine de Vaucluse, par J. Guérin. *Avignon*, 1813, planche pliée. — Histoire de la ville et de la principauté d'Orange, par J. Bastet. *Orange, s. d.* front.

753. Statistique du département du Gard, par M. Hector Rivoire... publiée sous les auspices de M. le baron de Jessaint... et de MM. les membres du Conseil-Général de ce département. *Nimes, Ballivet et Fabre*, 1842, 2 vol. in-4, carte et pl. lithog. demi rel. chag. violet.

Exemplaire provenant de la Bibliothèque de M. Guizot.

754. Description des Monumens antiques du Midi de la France (Département du Gard), par MM. Grangent, C. Durand et S. Durant. *Paris, Crapelet*, 1819, in-fol. front. et 43 pl. gr. demi-rel. chag. vert.

755. Ouvrages sur le département du Gard et sur diverses de ses localités. — Réunion de 9 vol. in-8, dont 5 br. et 4 en demi-rel. chag. ou mar. brun.

P. J. Lauze de Peret: Eclaircissemens historiques en réponse aux calomnies dont les Protestans du Gard sont l'objet. *Paris*, 1818, 3 parties en 1 vol; Causes et précis des troubles, des crimes, des désordres dans le département du Gard en 1815 et en 1816. *Paris*, 1819. — Troubles et agitations du département du Gard en 1815, par le Mis d'Arbaud Jouques. *Paris*, 1818. — Crespon. Animaux vertébrés du département du Gard. *Nismes, s. d.* Album in-8 de 72 pl. lithog. *sans titre ni texte*. — Histoire de l'Eglise de Nimes, par A. Germain. *Nimes*, 1838-1842, 2 vol. plan plié. — Histoire de l'Eglise réformée d'Anduze, par J.-P. Hugues. *Paris*, 1864, plans. — Aigues-Mortes. *Nimes, Montpellier et Paris*, 1863-1875, 5 ouvrages en pièces en 1 vol. — Recueil de Mémoires et d'observations de physique, de météorologie et d'histoire naturelle, par le B[on] d'Hombres-Firmas. *Nismes*, 1838.

756. Mémoires de l'Académie Royale du Gard. *Nîmes, Durand-Belle*, 1834-1873, 7 vol. in-8, br.

Années 1833 à 1841, 1845-1846, 1868-1869 et 1872.

757. Topographie de la ville de Nismes et de sa banlieue, par le citoyen Jean-César Vincens... et par le citoyen Baumes... Ouvrage... publié avec des notes, par le C[n] Vincens-Saint-Laurent... *Nismes, Veuve Belle, an X* (1802), in-4, planche gr. demi-rel. v. f.

758. Histoire civile, ecclésiastique et littéraire de la ville de Nismes, avec des notes et les preuves; suivie de dissertations historiques et critiques sur ses antiquités, et de diverses observations sur son histoire naturelle, par M. Ménard, conseiller au présidial de la même ville... *Paris, Hugues-Daniel Chaubert*, 1750-1754, 5 vol. in-4, plan et pl. gr. v. ant. marb.

Tomes I à V. — La reliure du dernier vol. est un peu fatiguée.

759. Antiquités de la France. par M. Clérisseau... Première partie (Monumens de Nismes). *Paris, Pierres*, 1778, gr. in-fol. front. et 41 pl. gr. et montés sur onglets, demi-rel. mar. vert à long grain avec coins, dos orné.

PREMIER TIRAGE.
Légère mouillure à la marge intérieure du titre.

760. Ouvrages sur la Ville de Nîmes. — Réunion de 17 vol. in-12 et in-8, dont 9 brochés et 8 reliés.

Histoire littéraire de Nîmes, par Michel Nicolas. *Nîmes*, 1854, 3 vol. — Guide aux Monuments de Nîmes (par C.-Ogé Barbaroux). *Nîmes*, 1824, 19 pl. gr. — Histoire des Antiquités de la ville de Nismes et de ses environs, par M. Ménard. *Nismes*, 1831, 11 pl. lithog. — Etudes historiques sur le Consulat et les institutions municipales de la ville de Nismes, par F.-Félix de La Farelle. *Nismes*, 1841. — Confidences du dieu Némausus, par M. le Dr J. Teissier, *Nîmes*. 1844. — François Ier à Nîmes, par le Cte H. de M. *Nîmes*, 1846, portr. — Monographie de la fontaine de Nîmes, par L. Boucoiran. *Nîmes*, 1859, pl. et fig. — Nemausus Arecomicorum. Notes de M. Edw. Barry. *Toulouse*, 1872. — Histoire de l'Eglise de Nimes, par M. A Germain. *Nîmes*, 1838, 2 vol. plan plié. — Nemausa. *Nîmes*, 1883-1886, 3 vol. (*Tomes I à III*). — Etc.

761. Mémoires de l'Académie de Nîmes. *Nimes, Chastenier*, 1885-1900, 16 vol. gr. in-8, pl. et fig. br.

Septième série. Tomes VIII à XXIII.

762. Ouvrages sur la Ville de Lille et diverses localités du Nord de la France. — Réunion de 7 vol. in-4 et in-8, dont 4 brochés et 3 reliés.

Histoire de Lille et de la Flandre Wallonne, par Victor Derode. *Lille*, 1848, 3 vol. pl. cartes et fac-similés. — Les Sept Sièges de Lille, par MM. Brun-Lavainne et Elie Brun. *Lille*, 1838, 2 plans (*sur 3*). — Mélanges historiques. *Lille et Douai*, 1850-1859, 10 pièces en 1 vol. — Histoire de Tourcoing, par Ch. Roussel-Defontaine. *Lille*, 1855, front. en couleur. — Cameracum christianum, ou Histoire ecclésiastique du diocèse de Cambrai, extraite du Gallia Christiana, par M. Le Glay. *Lille*, 1849.

763. Recueil des Travaux (et Mémoires) de la Société des Sciences de l'Agriculture et des Arts de Lille. *Lille, Leleux, Danel et Quarré*, 1823-1880, 59 vol. in-8, nombr. pl. et fig. dont 10 br. et 49 en demi-rel. v. f.

De 1823 (comprenant les années 1819 à 1822) à 1853, 30 vol. — 2e série, 1854 à 1863, 9 vol. (*Tomes I à VIII et X*). — 3e série, 1864 à 1874, 12 vol. (*Tomes I, III et VIII à XIV*). — 4e série, 1876 1880, 8 vol. (*Tomes I à VIII*).
On a ajouté : Société nationale des Sciences de l'Agriculture et des Arts de Lille. Publications agricoles. *Lille, Leleux*, 1849-1851, 4 vol. in-8, pl. br. (*Tomes VII à X*) et 1 volume relié contenant les règlements, le catalogue et les programmes des concours de la Société de 1839 à 1869.

IV. HISTOIRE DE PLUSIEURS PAYS ÉTRANGERS

764. Description de tout le Païs-Bas autrement dict la Germanie Inférieure, ou Basse-Allemaigne, par Messire Lodovico Guicciardini, patritio Florentino. Avec diverses cartes géogra-

phiques du dit païs. Aussi le pourtraict d'aucunes villes principales selon leur vray naturel, pour entendre plus facilement ladicte description... *Anvers, par Guillaume Silvius*, 1568, pet. in-fol. portr. pl. plans et cartes gr. sur bois, vélin.

Raccommodages, mouillures et petites piqûres de vers en marge de plusieurs ff.

765. Histoire des Provinces-Unies des Pays-Bas, par Me Le Clerc, depuis la naissance de la République jusqu'à la paix d'Utrecht et le Traité de la Barrière conclu en 1715, avec les principales médailles et leur explication. *Amsterdam, Châtelain*, 1723-1728, 4 tomes ou parties en 2 vol. in-fol. front. carte et nombr. pl. gr. v. ant. granit, dos orné, tr. r.

Raccommodage à la grande planche.

766. Histoire de la fondation de la République des Provinces-Unies, par J. Lothrop Motley. Traduction nouvelle précédée d'une introduction par M. Guizot. *Paris, Michel Lévy*, 1859-1866, 4 vol. gr. in-8, demi-rel. chag. La Vall. avec coins, dos orné.

767. Le Miroir de la cruelle et horrible tyrannie espagnole perpétrée au Pays-Bas, par le tyran duc de Albe et aultres Cõmandeurs de par le Roy Philippe le deuxiesme (par Jean Everhardts Cloppenburg)... Nouvellement exorné avec taille douce en cuyvre. *Tot Amsterdam, ghedruckt by Jan Evertss Cloppenburg*, 1620, in-4 de 4 ff. prél. non ch. et 87 ff. ch. titre-front. et 20 fig. sur cuivre, v. ant. marb. dos orné, tr. marb.

Nous n'avons ici que la première partie de cet ouvrage ornée de 20 figures en taille-douce représentant les supplices exercés par les Espagnols sur les habitants des Pays-Bas.

768. Tableaux topographiques, pittoresques, physiques, historiques, moraux, politiques, littéraires de la Suisse (par le Bon de Zurlauben, publiés par J. B. de La Borde avec table analytique par F.-A. Quétant). *Paris Clousier et Lamy*, 1780-1788, 5 parties ou tomes en 4 vol. in-fol. front. cartes et 278 pl. comprenant 430 sujets par Le Barbier, Châtelet, Bertaux, Pérignon... v. ant. écaille, dos orné, fil. tr. dor.

Bel exemplaire de cette superbe publication.

769. Histoire d'Angleterre, par M. de Rapin Thoyras, Seconde édition, augmentée d'une table des matières à chaque volume, de l'éloge de Mr de Rapin Thoyras, et de la dissertation des Wighs et des Toris du même Auteur. *La Haye de Rogissart*, 1727-1738, 13 vol. in-4, front. nombr. portr. cartes, tableaux généalogiques et vign. gr. v. ant. granit, dos orné.

770. Apologie pour le serment de fidélité que le Sérénissime Roy de la Grand'Bretagne requiert de tous ses sujets, tant ecclésiastiques que séculiers... Premièrement mis en lumière sans nom, maintenant reconnuë par l'auteur... Prince Jacques... Roy de la Grand'Bretagne, etc. Contre deux briefs du Pape Paul V, aux catholiques romains Anglois, et une lettre du cardinal Bellarmin à messire George Blackwell... *A Londres, chez Jean Norton*, 1609, 2 parties en 1 vol. in-8, portr. de Jacques Ier gr. par Thomas de Leu, vélin.

Première édition.
Légère mouillure.

771. Gothorum Sueonumque historia, ex probatis antiquorum monumentis collecta, et in xxiiij libros redacta, authore Jo. Magno Gotho, archiepiscopo Upsalensi. *Basilæ*, 1558, fort vol. in-8, carte et fig. gr. sur bois, vélin.

772. Gothorum Sueonumque historia, ex probatis antiquorum monumentis collecta, et in xxiiij libros redacta, auctore Jo. Magno Gotho, archiepiscopo Upsalensi... *Basileæ*, 1558, fort vol. in-8, carte et fig. gr. sur bois, ais de bois couverts de peau de truie estampée, fermoirs en cuivre. (*Rel. anc.*)

Jolie reliure de l'époque portant au centre des plats les portraits de Luther et de Melanchton entourés d'encadrements dans lesquels se trouvent les figures de la Foi, de l'Espérance et de la Charité.

773. Ouvrages sur la Palestine. — Réunion de 13 vol. in-12 et in-8, dont 4 br. et 9 reliés.

Description de la Terre-Sainte, par Andréas Bræm. *Neuchatel*, 1837. — Palestine, par S. Munk. *Paris*, 1845, nombr. pl. — La Palestine ancienne et moderne, par E. Arnaud. *Paris*, 1868, cartes.— Terre-Sainte par Constantin Tischendorf. *Paris*, 1868. — Description géographique, historique et archéologique de la Palestine, par M. V. Guérin (Première partie). Judée. *Paris*, 1868-1869, 3 vol. (*sans les cartes*). — Essai sur la géologie de la Palestine, par Louis Lartet. *Paris*, 1869, 2 parties en 1 vol. pl. et fig. — La Palestine au temps de Jésus-Christ, par Edmond Stapfer. *Paris*, 1892, carte et plans.— Biblical researches in Palestine and the adjacent regions: a journal of travels in the years 1838 et 1852 by Edward Robinson, Eli Smith and others. *London*, 1856, 3 vol. cartes gr. et pliées. — Palästina, von Dr Johann Friedrich Röhr. *Leipzig*, 1845, plan.

V. ARCHÉOLOGIE

774. Antonii Bynæi de Calceis Hebræorum libri duo... accedit Somnium de laudibus critices. *Dordraci, ex officina Viduæ Caspari et Theodori Goris*, 1682, 2 parties en 1 vol. in-12, front. et 13 pl. gr v. f. ant. dos orné, fil. tr. peigne.

Curieux ouvrage, des plus documentés, sur les chaussures des Hébreux.

775. Histoire de l'Art de l'Antiquité, par M. Winkelmann, traduite de l'allemand par M. Huber. *Leipzig*, 1781, 3 vol. in-4, front. vign. et culs de-lampe, v. ant. marb. dos orné.

776. A Suse, journal des fouilles 1884-1886, par Mme Jane Dieulafoy. *Paris, Hachette*, 1888, gr. in-4, carte en couleur et nombr. pl. et fig. br.

777. Ouvrages sur l'Egypte et l'Assyrie. — Réunion de 5 ouvrages en 4 vol. in-8 et in-4, reliés.

Ancient Egypt, her testimony to the truth of the Bible, by William Osburn, junior. *London*, 1846, front. pl. et fig. en noir et en *couleur*. — Ancient Egypt, twelfth edition. T. B. Peterson, publisher. *Philadelphia*, 1848. — Analyse grammaticale du texte démotique du décret de Rosette, par F. de Saulcy. Tome premier. Première partie, (*Tout ce qui a paru*). *Paris*, 1845, pl. — Ten Years' Digging in Egypt, 1881-1891, by Flinders Petrie. *S. l.* (*London*), 1892, front. et nombr. fig. — Nineveh and its Palaces. The discoveries of Botta and Layard, applied to the elucidation of Holy Writ, by J. Bonomi. *London* (1852), front. et nombr. fig.

778. Archéologie : Vases et terres cuites, Camées, Numismatique, Epigraphie. — Réunion de 1 opuscule et 7 vol. in-12, in-8 et in-4, dont 3 br. et 5 en demi-rel. mar. brun.

Les Terres-cuites grecques funèbres dans leur rapport avec les mystères de Bacchus, par E. Prosper Biardot. *Paris*, 1872 (*sans l'atlas*). — De la Poterie gauloise, par H. Du Cleuziou. *Paris*, 1873, nombr. fig. — Catalogue général des Camées et pierres gravées de la Bibliothèque Impériale, par M. Chabouillet. *Paris* (1858). — Recherches numismatiques, concernant principalement les médailles celtibériennes, par Gust. Dan de Lorichs. Tome premier (seul paru). *Paris*, 1852, 82 pl. gr. — Etudes sur la sigillographie des Rois de Sicile. Les Bulles d'or des archives du Vatican, par Léon Cadier. *Paris*, 1888, 3 pl. en phototypie. — Les Inscriptions grecques (du Musée du Louvre) interpretées par W. Frœhner. *Paris*, 1865. — Manuel d'épigraphie chrétienne, par Ed. Le Blant. *Paris*, 1869. — Etc.

779. La Première (et la seconde) partie du Promptuaire des Médailles des plus renommées personnes qui ont esté depuis le commencement du monde, avec brieve Description de leurs vies et faicts (par Guillaume Rouille). *A Lyon, chez Guillaume Roville*, 1553, 2 parties en 1 vol. in-4, nombr. portr. en médaillon gr. sur bois, vélin à recouvrements.

Première édition de cette traduction française.
Un nom coupé dans la marge supérieure du titre ; petites taches aux derniers ff.

780. Fr. Hotomani J.-C. De Re Numaria populi romani liber. Ejusdem disputatio de aureo Justinianico. His accesserunt Volusius Mætianus, Jurisc. Rhemnius Fannius, Priscianus Cæsariensiis, de Asse, ponderibus et mensuris... Item, Budæi et Guilielmi Philandri Breviarium de Asse. *S. l.* (*Genevæ*), *Leimarium*, 1585, in-8, front. ajouté, vélin à recouvr.

Exemplaire ayant appartenu à Pierre-Aug.-Mar. Lohier, conseiller au Parlement de Rennes et de Paris, avec de *nombreuses annotations* de la main de ce savant bibliophile sur le titre et les marges de la plupart des ff. Il provient en dernier lieu de la bibliothèque de A. Dinaux.
Déchirure au dernier f. de l'*Epitome Assis Budæici*.

781. De la Rareté et du prix des médailles romaines, ou Recueil contenant les types rares et inédits des médailles d'or, d'argent et de bronze, frappées pendant la durée de la République et de l'Empire romain par T.-E. Mionnet. Seconde édition revue, corrigée et augmentée. *Paris, De Bure*, 1827, 2 vol. in-8, nombr. pl. de médailles gr. v. ant. rac. dos orné.

782. Manuel de Numismatique ancienne contenant les éléments de cette science et les Nomenclatures, avec l'indication des divers degrés de rareté des Monnaies et médailles antiques, et des tableaux de leurs valeurs au XIXe siècle, par M. Hennin. Edition accompagnée d'un atlas de 70 planches. *Paris, Merlin*, 1872, 2 vol. de texte et 1 atlas in-8 de 70 pl. gr. demi-rel. mar. brun, ébarbé.

783. Revue Archéologique (Antiquité et Moyen Age), publiée sous la direction de MM. Alex. Bertrand et G. Perrot. *Paris*, 1872-1886, 28 vol. gr. in 8, nombr. pl. br.

Nouvelle série, 20 vol. (*Tomes XXIII à XXXI et XXXIV à XLIV.*) — Troisième série, 8 vol. (*Tomes I à VIII*).
On a ajouté : Congrès archéologiques de France. Séances générales tenues à Arles en 1876 ; à Senlis en 1877 ; à Avignon en 1882 et à Nimes en 1897 par la Société française d'archéologie pour la conservation et la description des monuments. *Paris*, 1877-1899, 4 vol. in-8, pl. br.

VI. BIBLIOGRAPHIE. — EX-LIBRIS

784. Le Premier volume de la Bibliothèque du sieur de La Croix-Dumaine, qui est un catalogue général de toutes sortes d'autheurs, qui ont escrit en françois depuis cinq cents ans et plus, jusques à ce jourd'hui... *Paris, Abel l'Angelier*, 1584, in-fol. v. f. moderne, dos orné, dent. et comp. à froid.

Première édition de cet ouvrage très précieux pour l'histoire littéraire de la France.

785. Histoire des ouvrages des Savans, par M. Basnage de Beauval. *Amsterdam*, 1721, 24 vol. in-12, v. f. ant. dos orné.

Collection complète.

786. Manuel du Libraire et de l'amateur de livres... par Jacques-Charles Brunet. Cinquième édition originale entièrement refondue et augmentée d'un tiers par l'auteur ; 6 vol. — Supplément par MM. P. Deschamps et G. Brunet ; 2 tomes en 1 vol. — *Paris, Firmin-Didot*, 1860-1880. — Ens. 7 vol. gr. in-8 à 2 col. demi-rel. mar. brun, tr. peigne. (*Kaufmann.*)

Bel exemplaire.

787. Bibliographie et Iconographie de tous les ouvrages de Restif de La Bretonne, comprenant la description raisonnée

des éditions originales, des réimpressions, des contrefaçons, etc... par P.-L. Jacob, bibliophile (P. Lacroix). *Paris, Fontaine*, 1875, in-8, pap. de Holl. portr. gr. br.

788. Recherches historiques et littéraires sur les Danses des morts et sur l'origine des Cartes à jouer. Ouvrage orné de cinq lithographies et de vignettes, par Gabriel Peignot. *Dijon, Lagier*, 1826, in-8, pl. et fig. bas. grenat, dos orné, fil.

Bel exemplaire aux armes du Marquis de MORANTE.

789. Description raisonnée d'une jolie Collection de livres (Nouveaux Mélanges tirés d'une petite bibliothèque), par Charles Nodier, précédée... d'une notice bibliographique sur ses ouvrages. *Paris, Techener*, 1844, gr. in-8, portr. lithog. mar. r. fil. et comp. mosaïqués de mar. bleu et vert, dent. int. tr. dor. ciselée et peinte.

Exemplaire sur GRAND PAPIER, aux armes et au chiffre du marquis de MORANTE, auquel on a ajouté une LETTRE AUTOGRAPHE de CHARLES NODIER, adressée à PIXERÉCOURT datée du 31 janvier 1832, 1 page et demie grand in-4. Il écrit à son « *aimable et gracieux Shakspeare* » au sujet d'un Rabelais aux armes du Comte d'Hoym (sans doute celui qui est décrit sous le n° 864 des *Nouveaux Mélanges*) et pour lui recommander un jeune acteur du nom de Charlet. Cette lettre des plus spirituelles serait tout entière à citer.

790. Geoffroy Tory, peintre et graveur, premier imprimeur royal, réformateur de l'orthographe et de la typographie sous François Ier, par Auguste Bernard. Deuxième édition, entièrement refondue. *Paris, Tross*, 1865, in-8, fig. demi-rel. mar. brun, tête peigne, ébarbé.

Bel exemplaire.

791. Spécimen Typographique de l'Imprimerie Royale.— Notice sur les Types étrangers du spécimen de l'Imprimerie Royale. — *Paris, Imprimerie Royale*, 1845. — Ens. 2 vol. in fol. nombr. pl. en noir et en *couleur*, cart. fers spéciaux.

Exemplaire numéroté sur PAPIER VÉLIN (n° 11), provenant de la bibliothèque de M. GUIZOT.

792. Thrésor d'Histoires admirables et mémorables de nostre temps. Recueillies de plusieurs autheurs... Mises en lumière par Simon Goulart, Senlisien. *Genève, Samuel Crespin*, 1620, 2 tomes en 4 vol. in-8, v. f. ant. dos orné, fil. tr. dor.

La meilleure édition de cette excellente compilation.
Exemplaire provenant de la bibliothèque de PIXERÉCOURT. — Taches de rousseur inhérentes à la nature du papier.

---

793. Ex-libris de *Louis-Cézar de Crémeaux, marquis Dentragues*. — 16 exemplaires.

Ces 16 ex-libris sont collés en tête et en queue de huit tomes de la *Bi-*

bliothèque universelle de Le Clerc, 8 vol. pet. in-12, rel. en v. f. ant. avec les armes de Crémeaux d'Entragues frappées en or sur les plats.

794. Ex-libris héraldiques des XVIIe et XVIIIe siècles. — Réunion de 38 pièces.

Intéressante réunion de pièces armoriées, dont plusieurs signées par *Berthault, Durand, Goüel, Jacques, de La Gardette, Martinet, Oblin, J. Toustain.*

VII. DOCUMENTS MANUSCRITS ET AUTOGRAPHES

795. Titres de propriété, Constitution de rente, dons et contrat de mariage des XVe et XVIe siècles, sur *parchemin*, plus quelques pièces sur papier, relatifs à *Velaine, Douai, Anthoing* (département du Nord), etc. — Réunion de 10 pièces.

796. Registre de donations et privilèges accordés par les Rois d'Espagne à divers établissements religieux, de 1218 à 1294. — In-fol. de 34 ff. ais de bois recouverts de v. brun ant. fil. et comp. estampés à froid.

Manuscrit espagnol du XVe siècle, sur vélin, avec les initiales rubriquées et des figures de sceaux dessinées à la plume. Il est incomplet des six premiers ff. et a été placé dans une reliure de l'époque.

797. Privilèges accordés aux XVe et XVIe siècles par des Rois d'Espagne. — 4 *pièces manuscrites*, sur *parchemin*, comprenant ensemble 50 ff. de format petit in-fol., dont une avec grand sceau de plomb.

798. Inscriptions, souscriptions et subscriptions des Lettres que le Roi, la Reine Mère, Monseigr. le Dauphin et Monsieur escrivent et qui leur sont escrites tant dedans que dehors le Royaume. — In-4 de 275 ff. mar. r. dos orné à petits fers, comp. angles et milieu à l'éventail, tr. dor (*Le Gascon.*)

Manuscrit original autographe (?) de Pierre Dupuy, célèbre historien français et Garde de la Bibliothèque du Roi. Il porte sa signature autographe, accompagnée de la date de 1624, sur un f. de garde. — Ce manuscrit renferme un très curieux Protocole suivi du *Catalogue des Archeveschez et Eveschez de France selon leur ordre 1624.*

Très jolie reliure, d'une très grande finesse d'exécution, dont l'attribution à Le Gascon est certaine, cet artiste étant le relieur attitré de Dupuy qui le recommanda à Peiresc, à François-Aug. de Thou, etc. — Voir à ce sujet l'importante étude de M. Ernest Thoinan dans son ouvrage *Les Relieurs Français*, pp. 290 à 297. — Cette reliure, dont le dos seul est légèrement fatigué, n'a subi aucune restauration.

799. PROCÈS DE CALAS. — Correspondance de Jean-Jacques Rousseau et de Voltaire. — In-4, chag. brun, fil. à froid, dent. int. non rog. (*Kaufmann.*)

PRÉCIEUX RECUEIL renfermant : 1° une lettre autographe signée de J.-J. ROUSSEAU (*Montmorency*, 28 sept. 1761, 1 page in-4), adressée à M. Ribotte, à Montauban et le priant de l'excuser s'il ne prend pas la plume pour la défense de Calas « *tourmenté qu'il est de la maladie la plus douloureuse qui soit connue des hommes et dans un état de dépérissement qui lui permet à peine à chaque jour d'en espérer un autre... Si vous aviez quelque placet à présenter pour nos frères je pourrais peut-être le faire donner et même recommander ; mais il m'est absolument impossible de l'écrire.* »

2° VINGT-ET-UNE-LETTRES AUTOGRAPHES de VOLTAIRE, ou de son secrétaire WAGNIÈRE, datées de Genève ou de Ferney, du 5 juin 1762 au 10 janvier 1775, adressées au même correspondant, M. RIBOTTE, de Montauban, pour le tenir au courant des efforts tentés, pour la réhabilitation de la mémoire de Jean Calas. Les dernières lettres ont trait à la liberté de conscience, au mariage des protestants, à leurs assemblées et prières publiques, etc. « *L'Octogénaire de Ferney se sent très malade au milieu des neiges de sa solitude... Il fait toujours des vœux pour que sainte Tolérance soit la première sainte de tous les bons catholiques... et ne souhaite vivre encor que pour voir finir toutes ces horreurs destructives de la société et de la raison.* »

800. D'ELDIR (Alina). — Documents sur *Louise-Soldame-Alina d'Eldir* (ou Deldir), *sultane Indienne*, plus tard Mme Charles Mercier, née en 1764, morte en 1851. — *Un fort dossier de pièces manuscrites.*

Très intéressant dossier renfermant de curieux documents sur la vie et les aventures de cette princesse, enlevée toute jeune à sa famille dans une des provinces de l'Hindoustan. Remise entre les mains d'une dame française du nom de Termillier, elle fut conduite en France par le capitaine de vaisseau Bouchard de la Foresterie. Débarquée à Lorient elle fut ensuite emmenée à Paris, baptisée et enfermée au Couvent du Calvaire, au Marais. Napoléon Ier et l'Impératrice Joséphine, puis Monsieur, frère du Roi, s'intéressèrent à elle. Réclamée en 1818 et en 1822 par sa famille qui lui offrait tous les avantages que lui assurait son illustre naissance, à condition qu'elle retournerait à la religion de ses ancêtres, elle refusa d'abjurer et préféra rester pauvre mais chrétienne.

Ce dossier renferme des *lettres adressées à la Sultane* par le Prince Indien *Goolam-Mouchi-Oud-Din* qui avait été chargé de la réclamer à la Cour de France ; des copies de lettres adressées par le Conseil de la Compagnie des Indes au Gouverneur de Bombay ; CINQUANTE HUIT LETTRES AUTOGRAPHES signées, adressées à la Sultane Alina d'Eldir, par VILLENAVE, de l'Institut (10) ; marquis et marquise de FORTIA (9) ; le chevalier POUGENS, de l'Institut (17) ; Edouard ALLETZ, poète (9) ; CARMICHAEL (2) ; MOLLEVAUT, de l'Institut (11) ; etc.

On y a ajouté : *deux Brevets de commandeur de l'Ordre Asiatique de morale de la Noble Porte de l'Elysée d'Eldir*, dont Alina d'Eldir était Sultane fondatrice (avec les noms des deux titulaires) ; *quatre Brevets de grand-officier de la Noble Porte du Sanctuaire d'Eldir* (en blanc) ; les *Statuts de l'Ordre* et les *Procès verbaux de 24 séances*, tenues du 7 janvier 1839 au 5 avril 1842, et portant les *signatures autographes de la Sultane et du Grand-Chancelier, Charles Mercier d'Eldir.*

801. ZENOWICZ. — Documents *manuscrits et autographes* sur le Colonel *George Zenowicz*, ancien adjudant-commandant d'Etat-major général de Napoléon Ier. — Dossier de 32 pièces, comprenant ensemble 63 ff. de divers formats.

Etats de services. — Lettres adressées au Colonel, copies et brouillons de lettres envoyées par lui. — Pétition aux Représentants du peuple à l'assemblée législative. — Supplique à l'Empereur Napoléon III, pour lui demander sa réintégration dans les cadres de l'armée dont il était banni depuis la Restauration, le grade de général et la Légion d'honneur. — Etc.

On a ajouté un extrait d'un jugement du Tribunal principal de Minsk établissant l'authenticité et l'antiquité de la noblesse des Zenowicz, *qui descendraient directement de l'Empereur d'Orient Zénon, dit l'Isaurien, mort en 491.*

TABLE DES DIVISIONS

Numéros

HISTOIRE

No 1295

Tours, Imp. Tourangelle, 20-22, rue de la Préfecture.

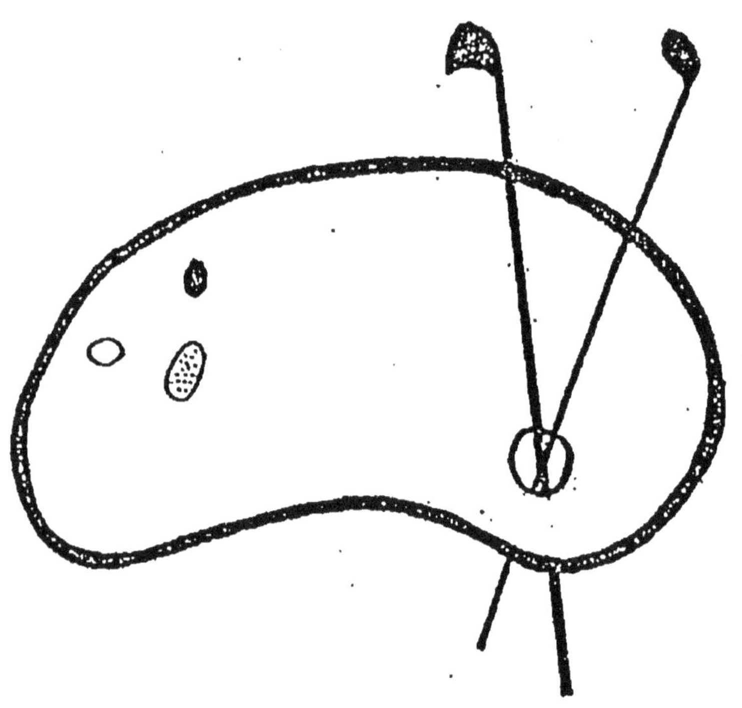

RED. :

18

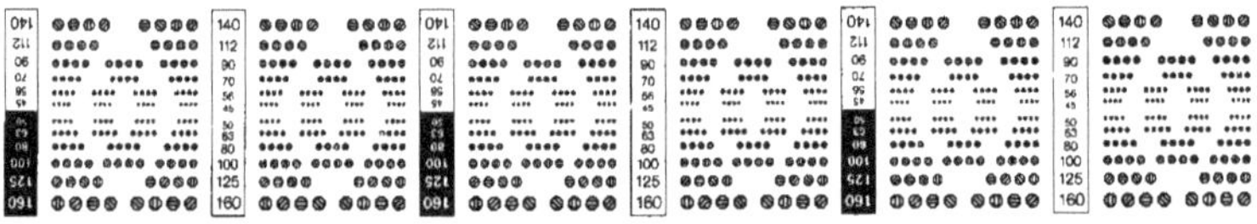

graphicom

MIRE ISO N° 1
NF Z 43-007
AFNOR
Cedex 7 - 92080 PARIS-LA-DÉFENSE

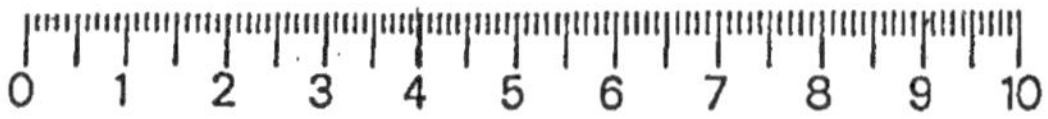

0 1 2 3 4 5 6 7 8 9 10

www.ingramcontent.com/pod-product-compliance
Lightning Source LLC
LaVergne TN
LVHW010609110826
845149LV00003B/829